全屋定制设计图集

CAD节点+实景方案

理想·宅 编著

化学工业出版社

·北京·

内容简介

本书将家居功能空间中的定制家具进行了归类，再根据定制家具的不同造型、不同使用功能等进行细分，通过索引目录的形式，方便读者进行查找和应用。此外，书中收录的定制家具 CAD 设计图纸与实景方案相对应，可使从业人员更精准地掌握定制家具的材质、种类等常识，为定制家具的从业人员提供更多设计上的新思路。

本书既可以为家具设计、室内设计等专业领域的设计师提供灵感，也可以成为定制家具厂商的设计案例参考图集。

随书附赠资源，请访问 https://cip.com.cn/Service/Download 下载。在如右图所示位置，输入"40469"点击"搜索资源"即可进入下载页面。

图书在版编目（CIP）数据

全屋定制设计图集 ：CAD节点＋实景方案 ／ 理想·宅编著． — 北京 ：化学工业出版社，2022.2（2023.3重印）
  ISBN 978-7-122-40469-5

Ⅰ．①全… Ⅱ．①理… Ⅲ．①住宅-室内装饰设计-图集 Ⅳ．①TU241-64

中国版本图书馆CIP数据核字 (2021) 第256867号

责任编辑：王 斌 吕梦瑶　　　　　　文字编辑：冯国庆
责任校对：杜杏然　　　　　　　　　装帧设计：韩 飞

出版发行：化学工业出版社（北京市东城区青年湖南街13号 邮政编码100011）
印　　装：北京宝隆世纪印刷有限公司
889mm×1194mm 1/16 印张21½ 字数578千字 2023年3月北京第1版第3次印刷

购书咨询：010-64518888　　　　　　售后服务：010-64518899
网　　址：http://www.cip.com.cn
凡购买本书，如有缺损质量问题，本社销售中心负责调换。

定　　价：128.00元　　　　　　　　　版权所有　违者必究

当代社会，人们越来越关注产品的个性化与适我化。表现在家居产品方面，作为空间中的主力军——家具，其实用性与功能性不可忽视。传统的成品家具固然可以满足使用需求，但在空间契合度这一方面略有不足。这令定制家具这一行业得到了蓬勃发展，也使业内多了一大批从业人员。对于这些从业人员来说，通过大量的案例鉴赏，能够快速掌握定制家具的设计方法，以此提高自身的设计能力。

针对市场需求，本书共提供了近 200 套定制家具的设计样图，不仅包括平面图、立面图、剖面图、节点大样图等 CAD 设计图纸，还通过实景图与 CAD 图对应的方式（由于实际施工中可能会做局部调整，故个别实景图与 CAD 图之间存在细节差异），深化读者对定制家具的直观理解。另外，书中的平面图和立面图均标明了定制家具不同部分所使用的材质、颜色以及规格等信息，剖面图和节点大样图则使家具细部结构一目了然，为读者提供了设计新思路。同时，书中还额外赠送了近 300 套定制家具的设计图纸源文件，读者可以通过下载的形式获取。

虽然在编写的过程中，本书作者精心收集、整理了大量的案例，也对图纸进行了认真的核查，但书中依然可能存在疏漏与不妥之处，恳请广大读者批评、指正。

编者

目 录
CONTENTS

001

第一章
玄关定制家具

023

第二章
客厅定制家具

一、电视柜 / 024
二、装饰柜 / 044

069

第三章
餐厅定制家具

一、餐边柜 / 070
二、酒柜 / 104
三、吧台 / 110
四、卡座 / 130

143

第四章
卧室定制家具

一、衣柜 / 144
二、一体式定制床头 / 194

197

第五章
书房定制家具

一、书柜 / 198
二、一体式书桌柜 / 228
三、榻榻米 / 244

253

第六章
衣帽间定制家具

263

第七章
厨房定制家具

279

第八章
卫生间定制家具

297

第九章
楼梯定制家具

316

附录

326

索引

玄关
定制家具

玄关是衔接室内与室外的过渡性空间，也是迎送宾客的地点，其重要性不言而喻。因而玄关家具便承担着换鞋、放置物品、引导进入、保持其他居室私密性的重要作用。入户空间中定制的家具通常是玄关储物柜。其用途为避免客人一进门就对整个居室一览无余，具有装饰、保持主人的私密性、方便主人换鞋脱帽等多种作用。

设计案例 **1**

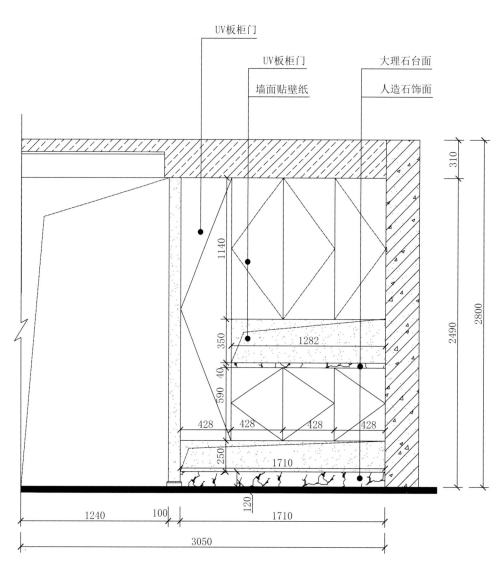

立面图

设计案例 **2**

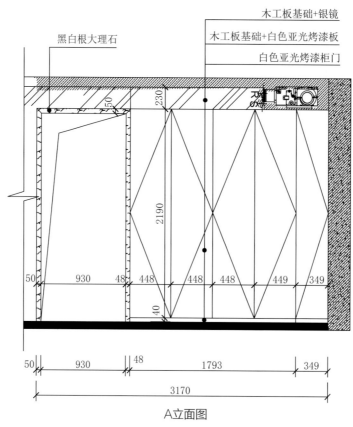

黑白根大理石

木工板基础+银镜
木工板基础+白色亚光烤漆板
白色亚光烤漆柜门

A立面图

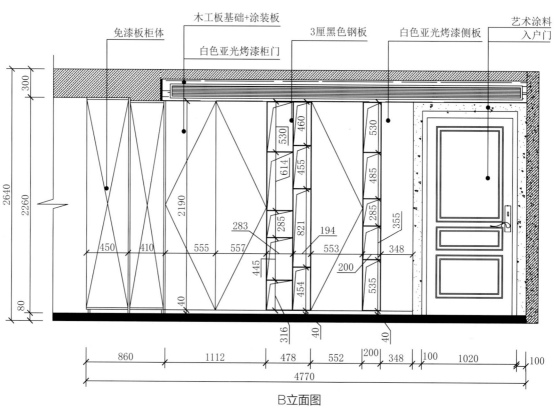

免漆板柜体
木工板基础+涂装板
白色亚光烤漆柜门
3厘黑色钢板
白色亚光烤漆侧板
艺术涂料
入户门

B立面图

实景方案图

设计案例 **3**

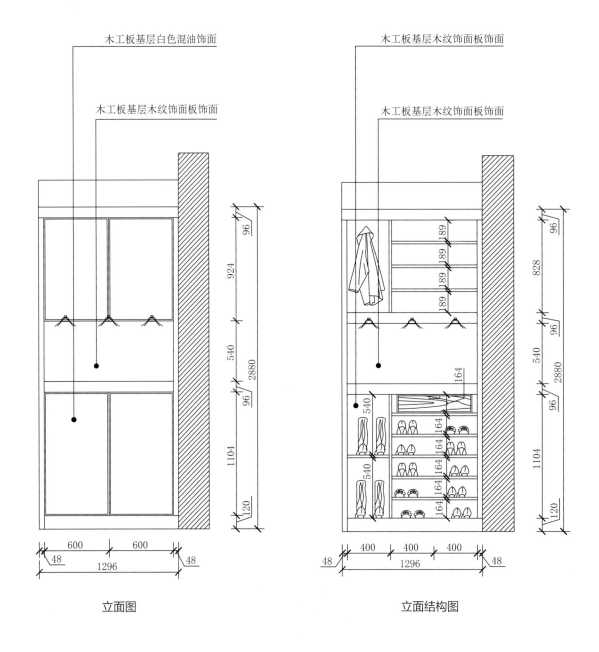

木工板基层白色混油饰面

木工板基层木纹饰面板饰面

木工板基层木纹饰面板饰面

木工板基层木纹饰面板饰面

立面图　　　　　　　　　　　　立面结构图

实景方案图

设计案例 4

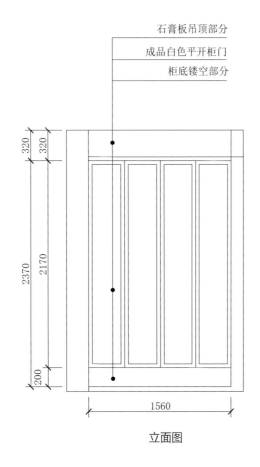

石膏板吊顶部分
成品白色平开柜门
柜底镂空部分

立面图

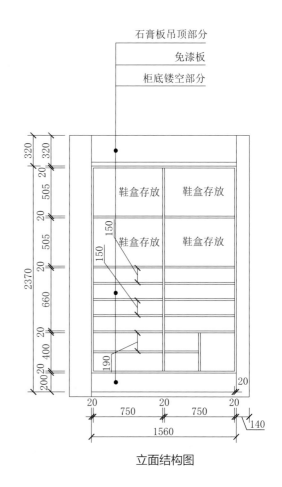

石膏板吊顶部分
免漆板
柜底镂空部分

鞋盒存放　鞋盒存放

鞋盒存放　鞋盒存放

立面结构图

设计案例 5

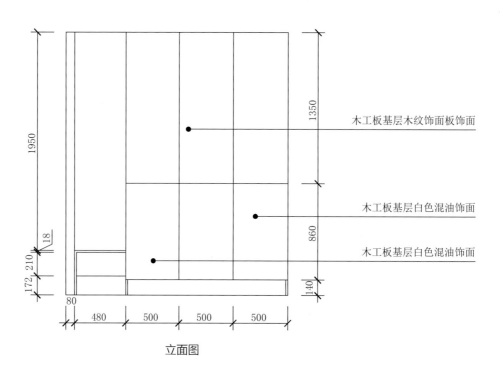

木工板基层木纹饰面板饰面

木工板基层白色混油饰面

木工板基层白色混油饰面

立面图

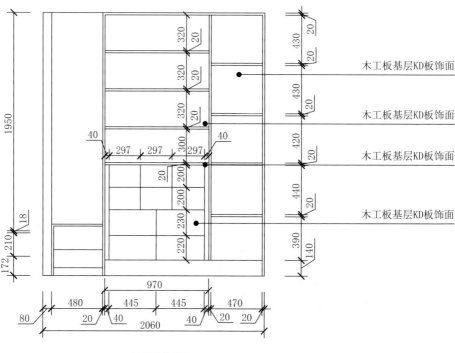

木工板基层KD板饰面

木工板基层KD板饰面

木工板基层KD板饰面

木工板基层KD板饰面

立面结构图

实景方案图

设计案例 6

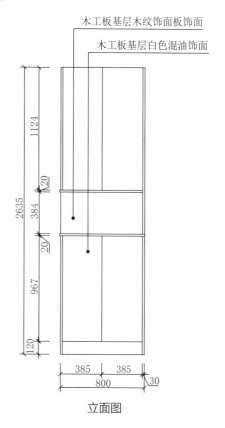

木工板基层木纹饰面板饰面
木工板基层白色混油饰面

立面图

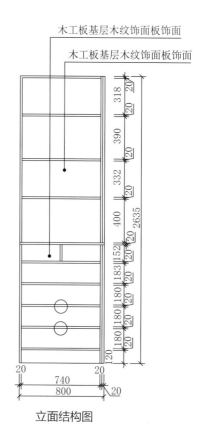

木工板基层木纹饰面板饰面
木工板基层木纹饰面板饰面

立面结构图

实景方案图

设计案例 **7**

实景方案图

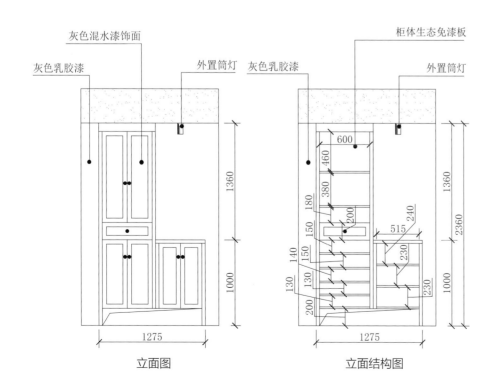

灰色乳胶漆

灰色混水漆饰面

外置筒灯

柜体生态免漆板

灰色乳胶漆

外置筒灯

立面图   立面结构图

扫码看定制家具
全景设计

设计案例 **8**

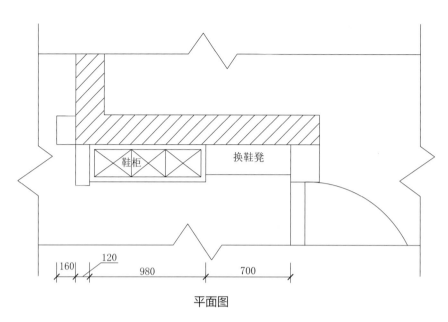

鞋柜　　　换鞋凳

160 | 120 | 980 | 700

平面图

胡桃色柜体边框　　　　　　　　　　　　石膏板装射灯

白漆柜门　　　　　　　　　　　　　　　胡桃色台面

柜底预留LED灯管电源　　　　　　　柜底预留LED灯管电源

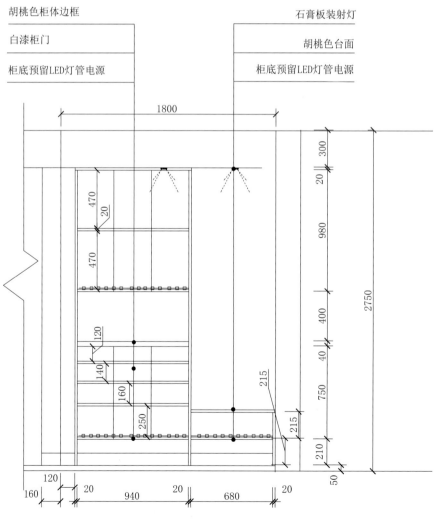

1800

300
20
470
20
470
980
120
400
140
40
160
215
750
250
215
210
50

160 | 120 | 20 | 940 | 20 | 680 | 20

2750

立面图

设计案例 9

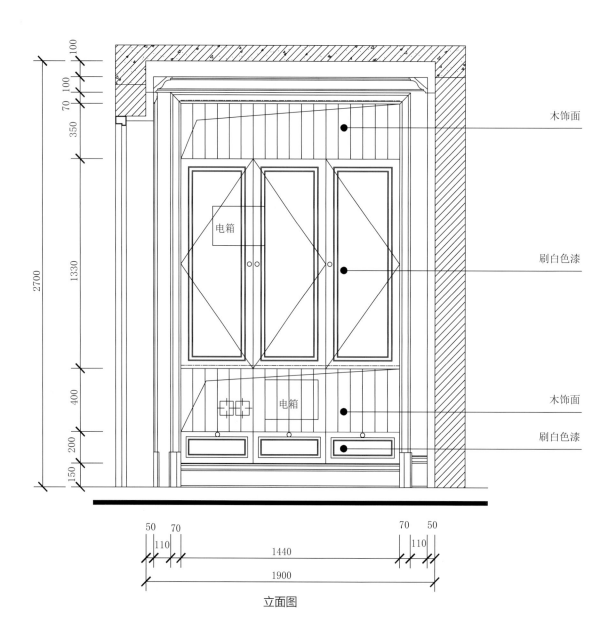

木饰面

刷白色漆

木饰面

刷白色漆

电箱

电箱

立面图

设计案例 10

扫码看定制家具
全景设计

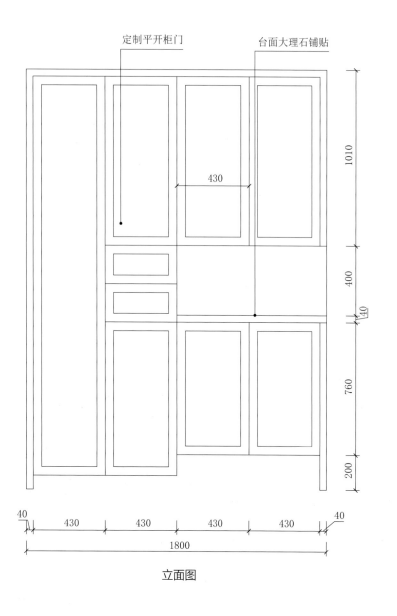

定制平开柜门　　　　　台面大理石铺贴

430

1010

400

40

760

200

40　430　430　430　430　40

1800

立面图

设计案例 11

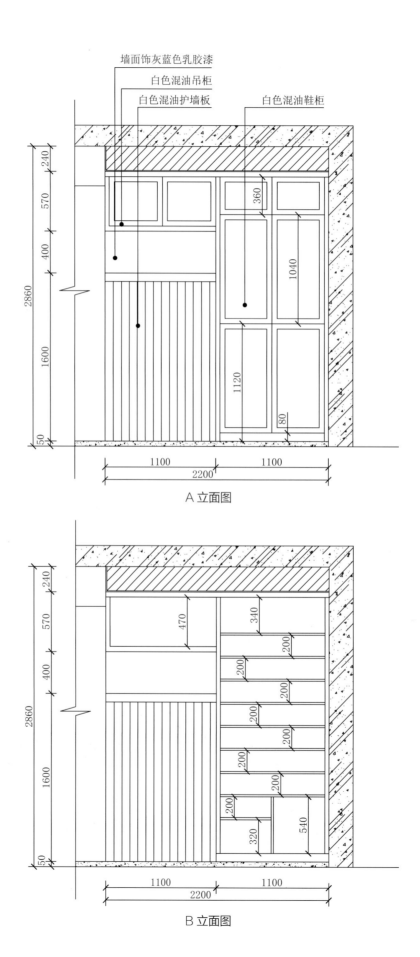

墙面饰灰蓝色乳胶漆
白色混油吊柜
白色混油护墙板
白色混油鞋柜

A 立面图

B 立面图

设计案例 **12**

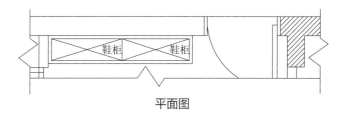

平面图

白色柜门　　白色柜门　　石膏板吊顶
木色镂空　　木色镂空　　石膏角线

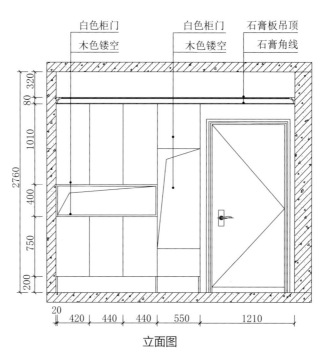

立面图

实景方案图

第二章

客厅

定制家具

客厅是主人会客的开放场所，是日常的休闲放松区，使用频率很高，因而各种家具的功能配合是否合理、舒畅，直接影响到空间使用者生活的舒适程度。通常来说，客厅空间家具产品的定制主要集中在电视柜、装饰柜架等。

一、电视柜　　二、装饰柜

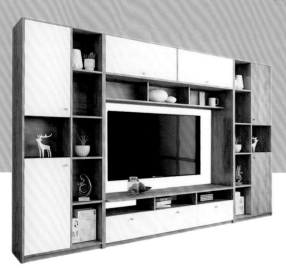

一、电视柜

电视柜的主要作用是收纳和摆放电视、机顶盒、DVD、音响设备、碟片等产品，同时兼顾摆放装饰品，起到装饰作用。在客厅中，定制电视柜往往不是独立设计的，常结合具体的电视背景墙方案，设计贴合整体空间风格的电视柜，融合度较高。

设计案例 1

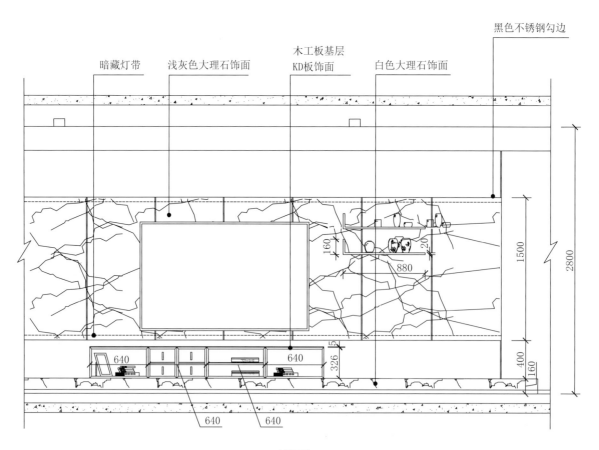

立面图

实景方案图

设计案例 2

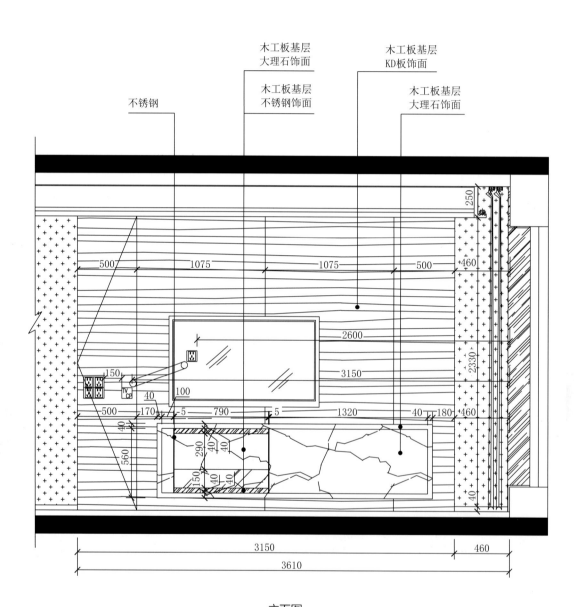

立面图

实景方案图

设计案例 3

扫码看定制家具
全景设计

平面图

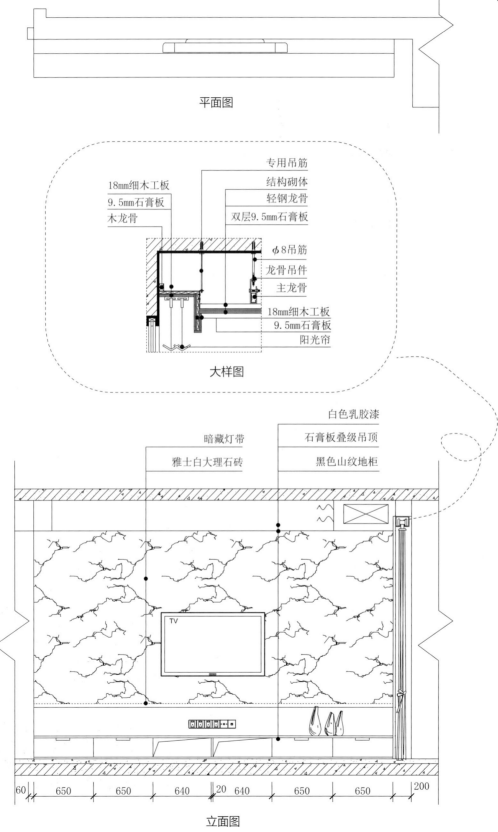

18mm细木工板
9.5mm石膏板
木龙骨

专用吊筋
结构砌体
轻钢龙骨
双层9.5mm石膏板

ϕ8吊筋
龙骨吊件
主龙骨

18mm细木工板
9.5mm石膏板
阳光帘

大样图

暗藏灯带
雅士白大理石砖

白色乳胶漆
石膏板叠级吊顶
黑色山纹地柜

TV

| 60 | 650 | 650 | 640 | 20 | 640 | 650 | 650 | 200 |

立面图

实景方案图

设计案例 4

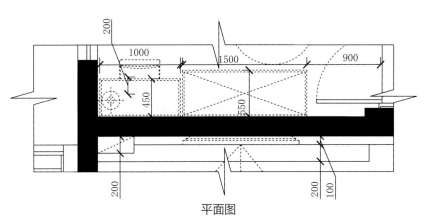

平面图

墙面刷有色乳胶漆　墙面刷白色乳胶漆　墙面刷白色乳胶漆　墙面刷白色乳胶漆

钢板刷黑漆　　　免漆板柜体　　木工板基层KD板饰面　　　踢脚线

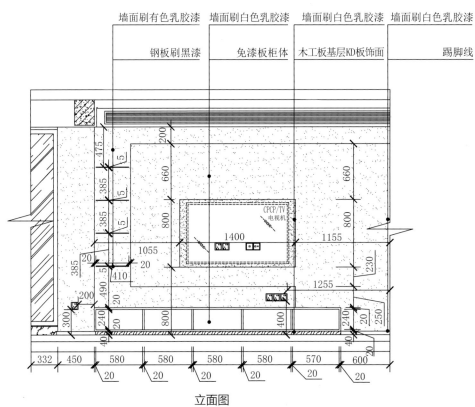

立面图

扫码看定制家具
全景设计

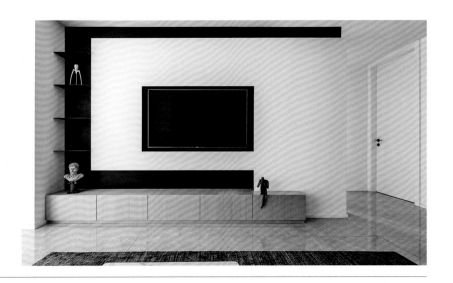

实景方案图

设计案例 **5**

木饰面

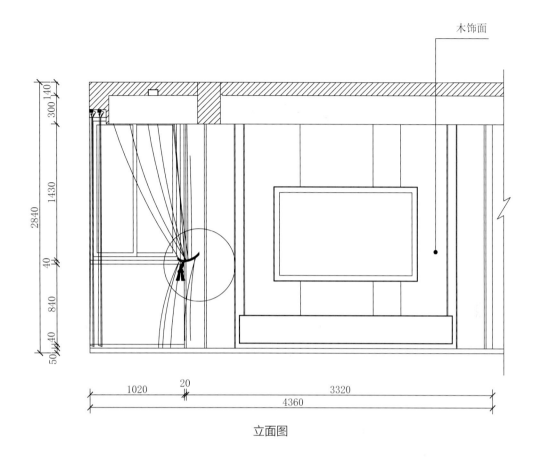

立面图

实景方案图

设计案例 6

扫码看定制家具
全景设计

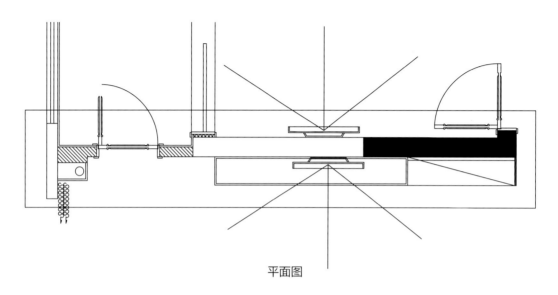

平面图

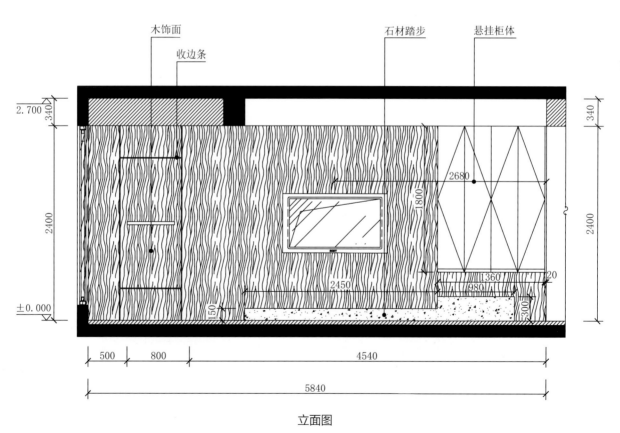

立面图

实景方案图

设计案例 7

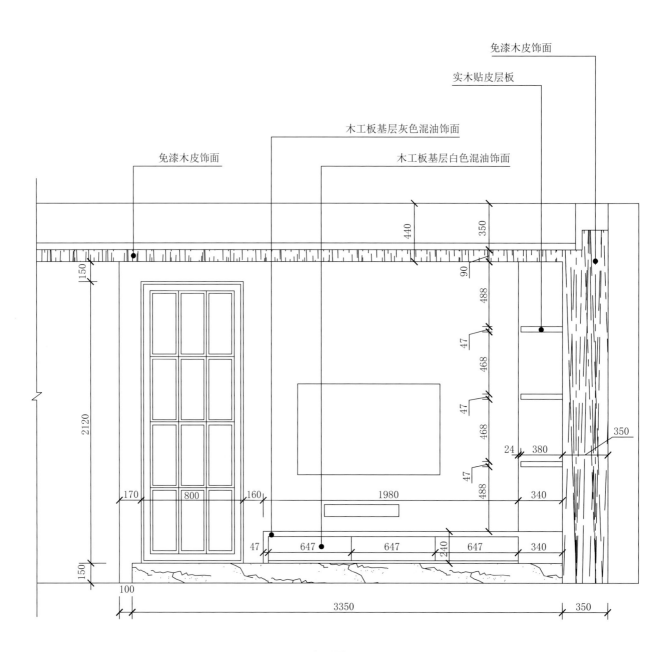

立面图

实景方案图

设计案例 8

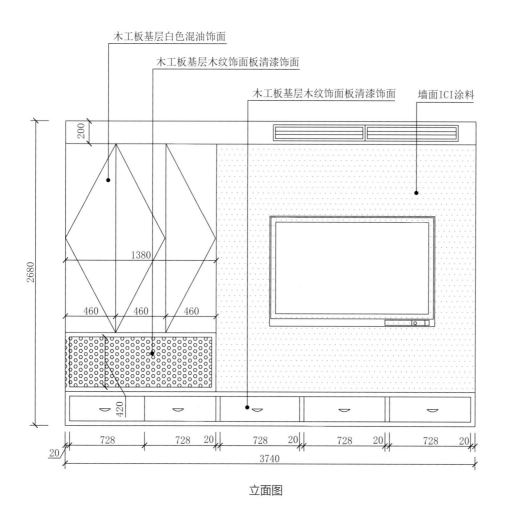

木工板基层白色混油饰面

木工板基层木纹饰面板清漆饰面

木工板基层木纹饰面板清漆饰面

墙面ICI涂料

200

2680

1380

460　460　460

420

728　728　20　728　20　728　20　728　20

20

3740

立面图

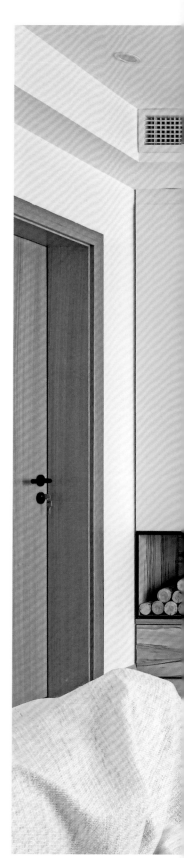

实景方案图

设计案例 9

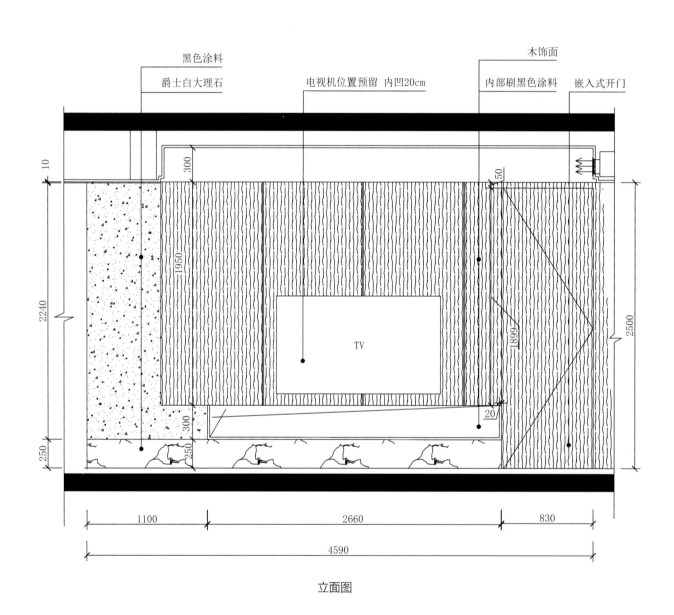

立面图

设计案例 **10**

扫码看定制家具
全景设计

实景方案图

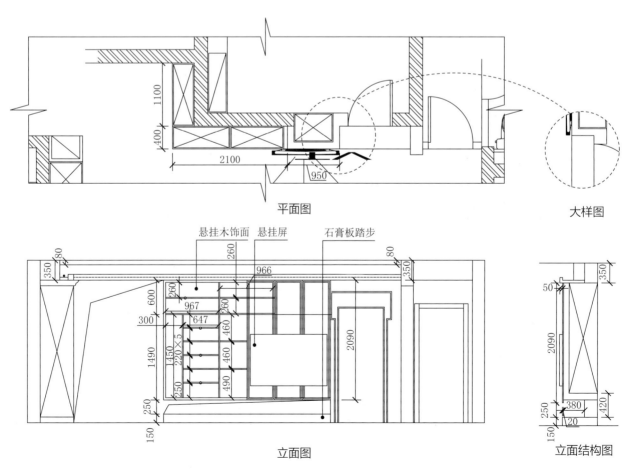

平面图

大样图

立面图

立面结构图

实景方案图

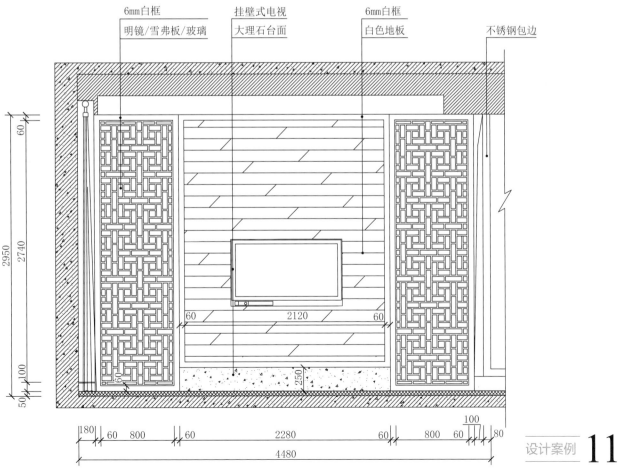

6mm白框　　　　挂壁式电视　　　　6mm白框　　　　　　　不锈钢包边

明镜/雪弗板/玻璃　大理石台面　　　　白色地板

60
2740
2950
100
50

60　　　2120　　　60

250
60

180　60　800　60　　　2280　　　60　　800　60　80
100
4480

设计案例 **11**

立面图

设计案例 **12**

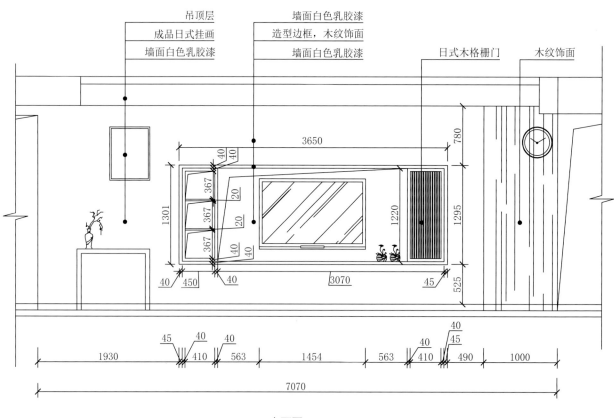

吊顶层
成品日式挂画
墙面白色乳胶漆
墙面白色乳胶漆
造型边框，木纹饰面
墙面白色乳胶漆
日式木格栅门
木纹饰面

3650
780
40
40
367
367
20
367
20
367
40
40
1301
1220
1295
40
450
40
3070
45
525

45
40
40
40
40
45
1930
410
563
1454
563
410
490
1000
7070

立面图

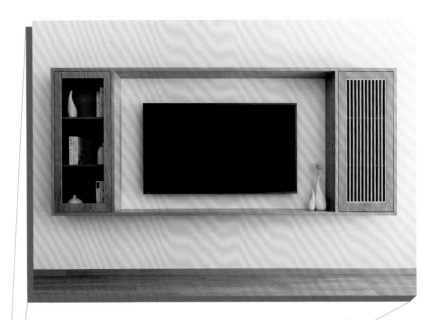

实景方案图

二、装饰柜

装饰柜的主要作用是装饰空间，为有限的空间增加更多信息文化的展示。定制装饰柜应具备展示方式合理，以及能带来视觉上的满足的特点。因此，在定制装饰柜时，应考虑到居住者的视觉共性，以居住者的视觉特征为主进行设计。

设计案例 1

实景方案图

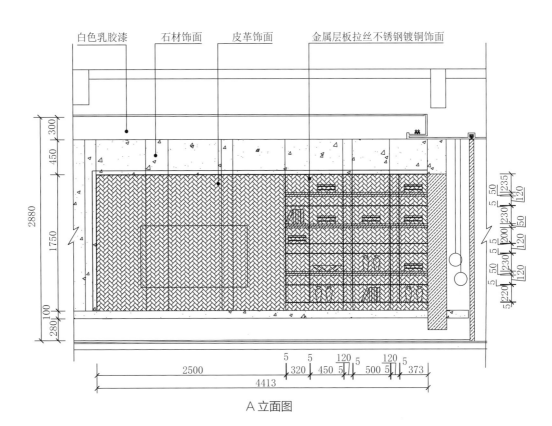

白色乳胶漆　　石材饰面　　皮革饰面　　金属层板拉丝不锈钢镀铜饰面

A 立面图

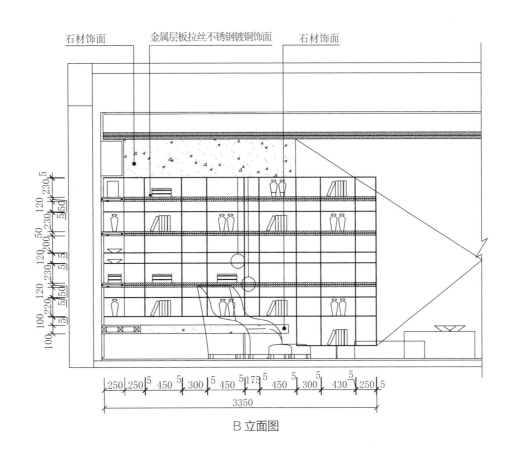

石材饰面　　金属层板拉丝不锈钢镀铜饰面　　石材饰面

B 立面图

设计案例 2

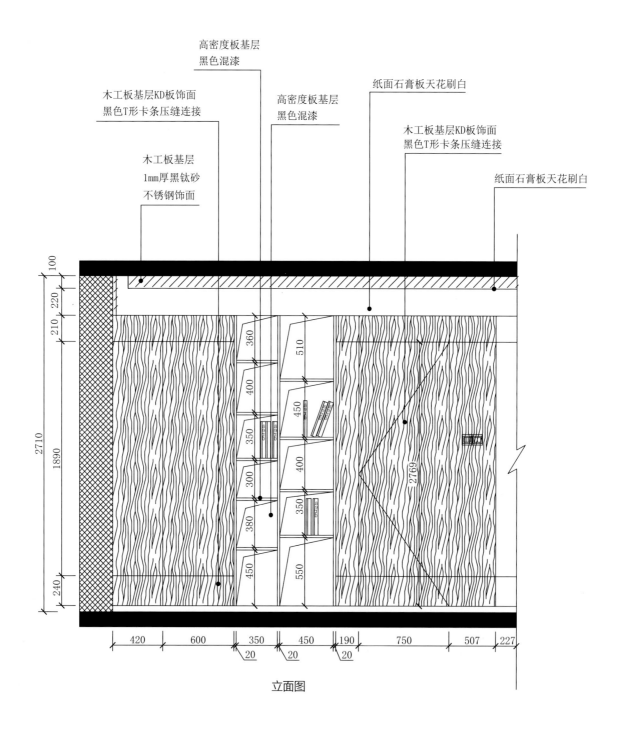

高密度板基层
黑色混漆

木工板基层KD板饰面
黑色T形卡条压缝连接

高密度板基层
黑色混漆

纸面石膏板天花刷白

木工板基层KD板饰面
黑色T形卡条压缝连接

木工板基层
1mm厚黑钛砂
不锈钢饰面

纸面石膏板天花刷白

立面图

实景方案图

设计案例 **3**

扫码看定制家具
全景设计

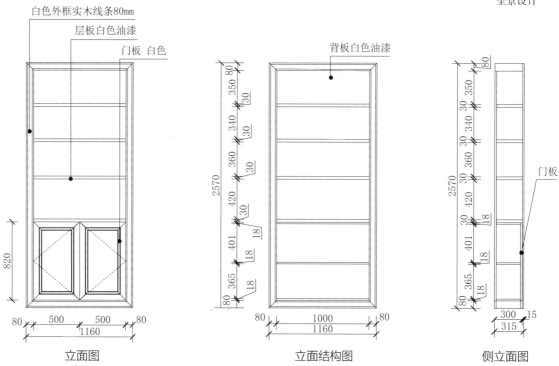

白色外框实木线条80mm

层板白色油漆

门板 白色

820

80　500　500　80

1160

立面图

背板白色油漆

2570

80　1000　80

1160

立面结构图

门板

2570

300　15

315

侧立面图

实景方案图

设计案例 4

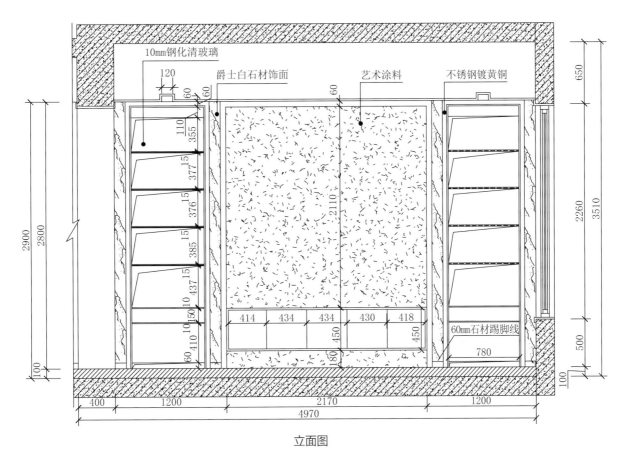

10mm钢化清玻璃

120

60 60

爵士白石材饰面

艺术涂料

不锈钢镀黄铜

650

110
355

60

15
377

15
376

2110

15
385

15
437

2260

3510

60 10 10 150
410

2900
2800

60

414 | 434 | 434 | 430 | 418

450

450

60mm石材踢脚线

500

100

780

180

100

400

1200

2170

1200

4970

立面图

实景方案图

设计案例 5

扫码看定制家具
全景设计

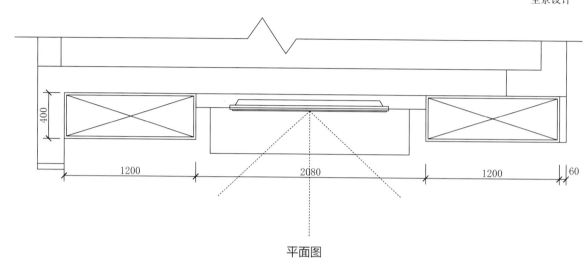

400

1200　　　　2080　　　　1200　　60

平面图

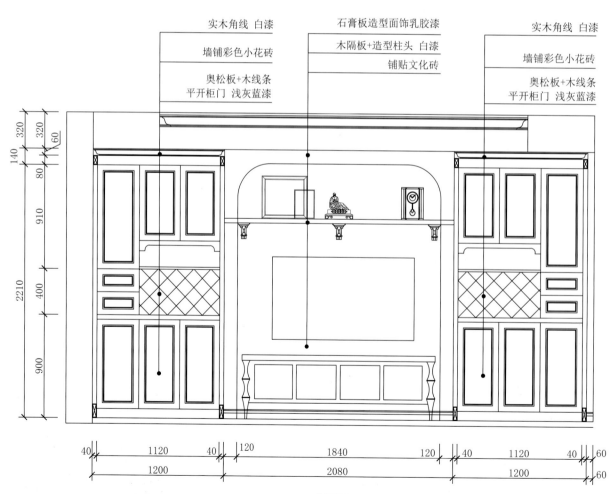

实木角线　白漆　　　　　石膏板造型面饰乳胶漆　　　　实木角线　白漆

墙铺彩色小花砖　　　　木隔板+造型柱头　白漆　　　　墙铺彩色小花砖

奥松板+木线条　　　　铺贴文化砖　　　　奥松板+木线条
平开柜门　浅灰蓝漆　　　　　　　　　　　平开柜门　浅灰蓝漆

320　320　60

140　80

910

2210　400

900

40　1120　40　120　　1840　　120　40　1120　40　60
1200　　　2080　　　1200　60

立面图

设计案例 6

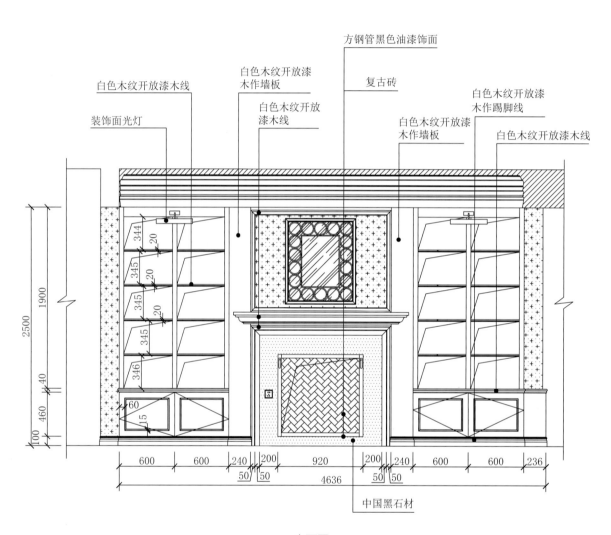

立面图

实景方案图

设计案例 7

白色板材　　　　　　　　　灰色护墙板

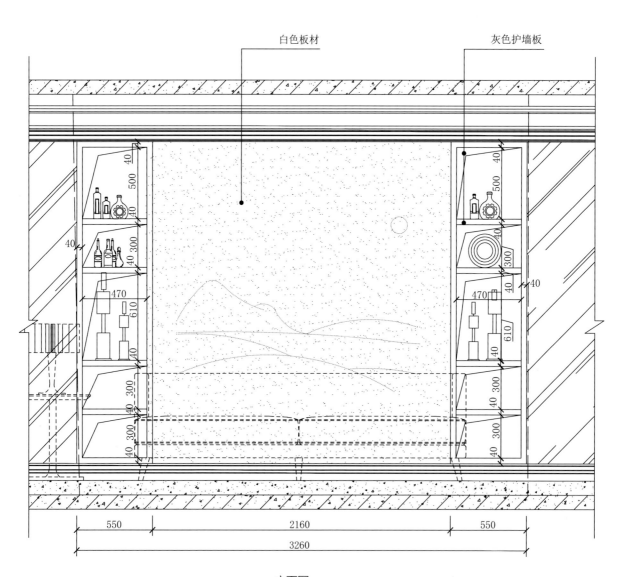

立面图

实景方案图

设计案例 8

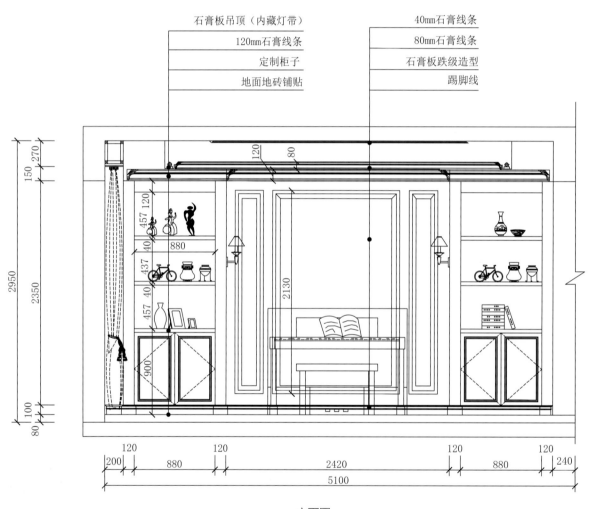

石膏板吊顶（内藏灯带）　　　40mm石膏线条
120mm石膏线条　　　　　　80mm石膏线条
定制柜子　　　　　　　　　石膏板跌级造型
地面地砖铺贴　　　　　　　踢脚线

立面图

实景方案图

设计案例 9

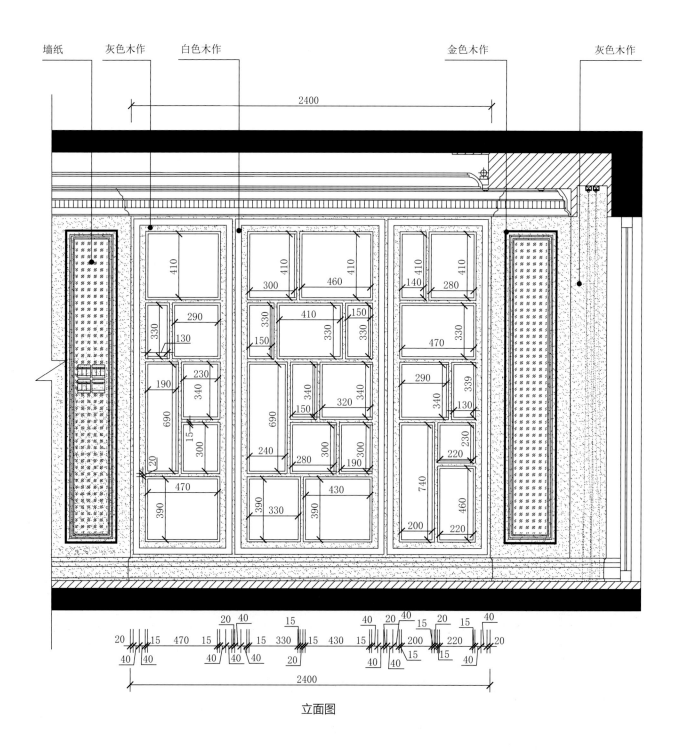

立面图

实景方案图

设计案例 **10**

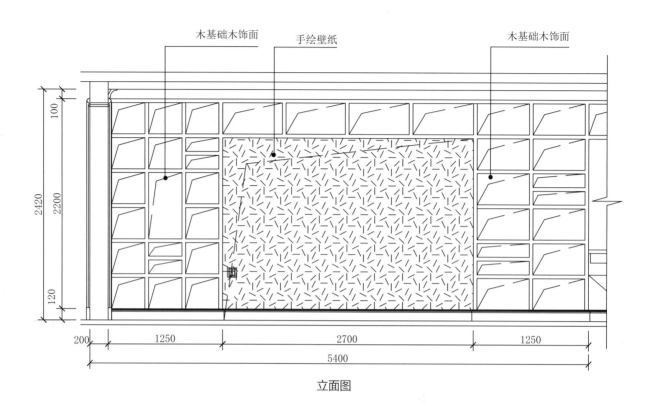

木基础木饰面   手绘壁纸   木基础木饰面

立面图

实景方案图

设计案例 **11**

实景方案图

扫码看定制家具
全景设计

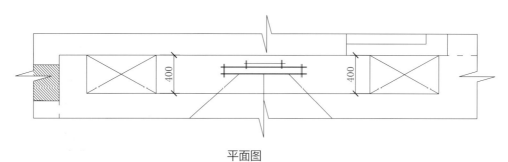

平面图

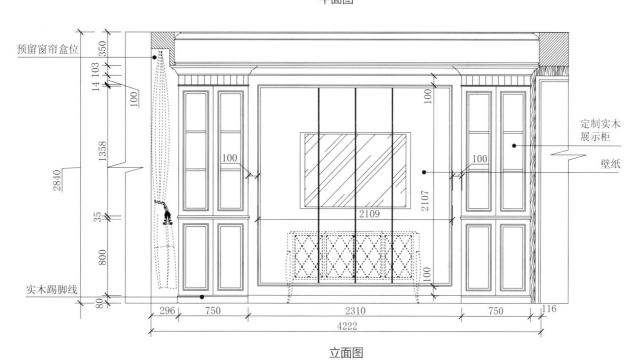

预留窗帘盒位

定制实木
展示柜

壁纸

实木踢脚线

立面图

设计案例 12

实景方案图

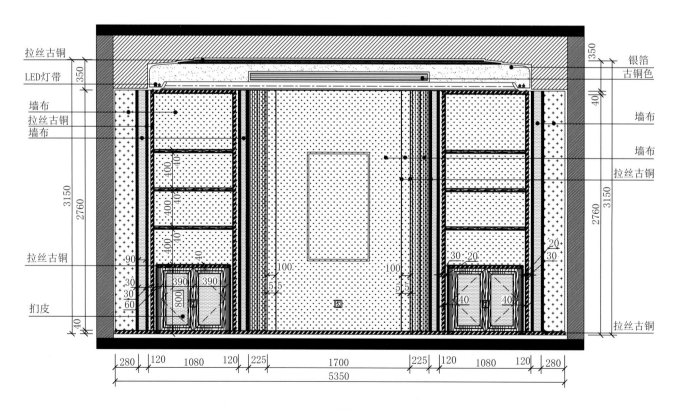

拉丝古铜
LED灯带
墙布
拉丝古铜
墙布
拉丝古铜
扪皮

银箔
古铜色
墙布
墙布
拉丝古铜
拉丝古铜

立面图

设计案例 **13**

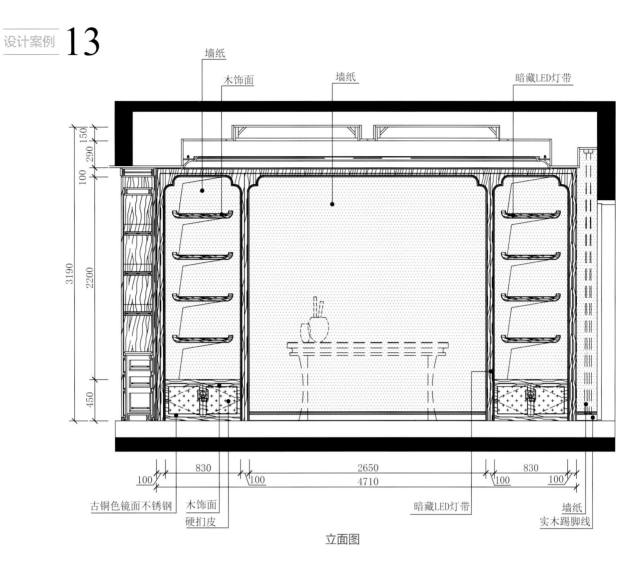

墙纸

木饰面

墙纸

暗藏LED灯带

150
290
100
3190
2200
450

830
100
100
2650
4710
830
100
100

古铜色镜面不锈钢　木饰面
硬扪皮

暗藏LED灯带

墙纸
实木踢脚线

立面图

实景方案图

设计案例 14

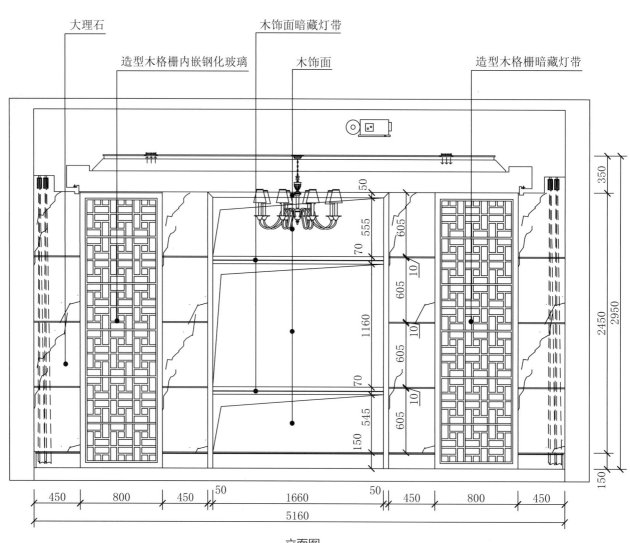

立面图

实景方案图

设计案例 **15**

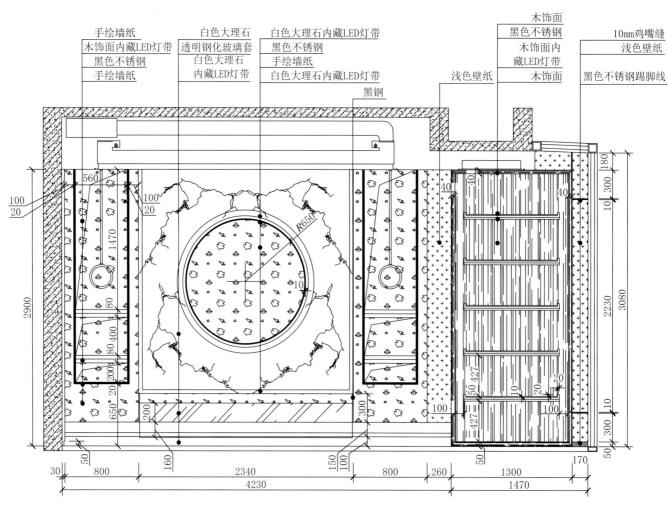

手绘墙纸
木饰面内藏LED灯带
黑色不锈钢
手绘墙纸

白色大理石
透明钢化玻璃套
白色大理石
内藏LED灯带

白色大理石内藏LED灯带
黑色不锈钢
手绘墙纸
白色大理石内藏LED灯带

黑钢

木饰面
黑色不锈钢
木饰面内
藏LED灯带
木饰面

浅色壁纸

10mm鸡嘴缝
浅色壁纸
黑色不锈钢踢脚线

立面图

实景方案图

设计案例 16

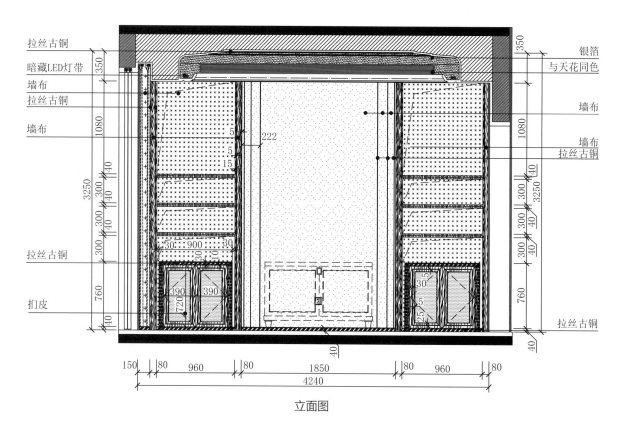

拉丝古铜
暗藏LED灯带
墙布
拉丝古铜
墙布

拉丝古铜

扪皮

银箔
与天花同色
墙布

墙布
拉丝古铜

拉丝古铜

立面图

实景方案图

第三章

餐厅

定制家具

餐厅的全屋定制空间系统主要涉及的产品种类为餐边柜、酒柜、吧台和卡座。一般情况下，餐厅的布置较为紧凑，因而经常会有酒柜和餐边柜合设的情况。另外，在餐厅定制吧台可以起到划分空间的作用，而定制卡座则可以为空间增加收纳功能。

一、餐边柜   二、酒柜

三、吧台   四、卡座

一、餐边柜

　　餐边柜具有收纳功能，可以放置碗碟筷、酒类、饮料等，并可以临时放汤和菜肴；同时也具有装扮餐厅的功能。在居室设计中，需要注意的是餐边柜大小应与餐厅面积相符，其颜色也要与餐厅整体色彩一致。

设计案例 1

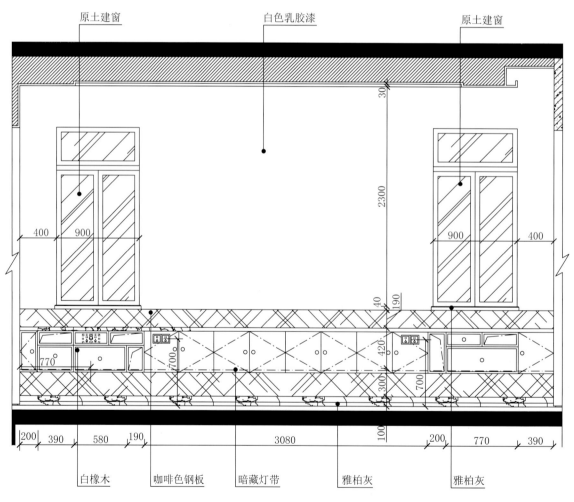

立面图

实景方案图

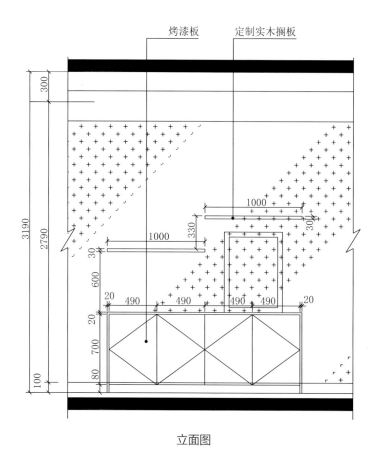

烤漆板　　定制实木搁板

立面图

实景方案图

设计案例 **3**

实景方案图

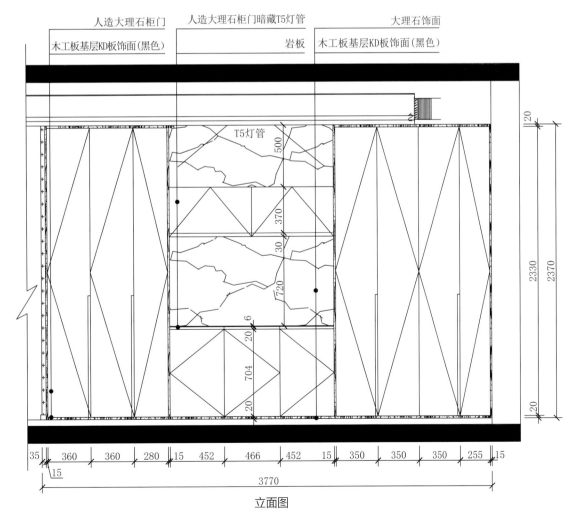

立面图

设计案例 4

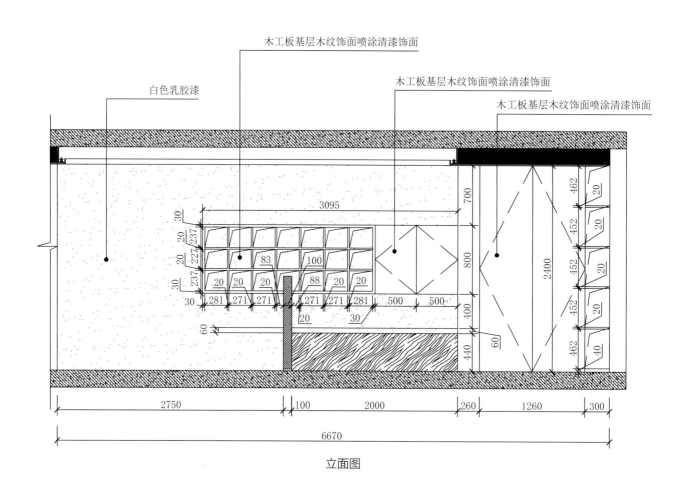

木工板基层木纹饰面喷涂清漆饰面

木工板基层木纹饰面喷涂清漆饰面

木工板基层木纹饰面喷涂清漆饰面

白色乳胶漆

立面图

实景方案图

设计案例 5

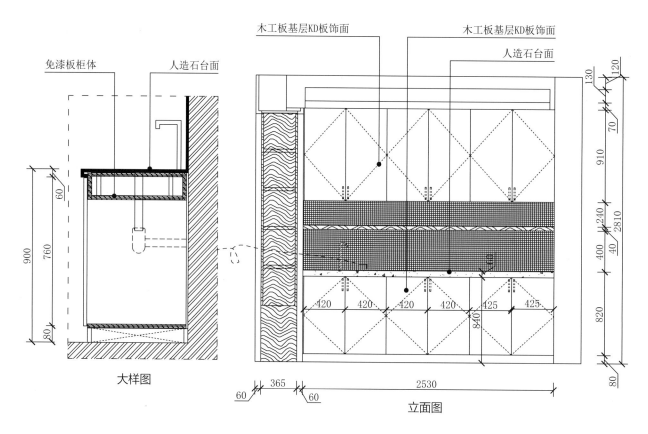

免漆板柜体　人造石台面

木工板基层KD板饰面　木工板基层KD板饰面

人造石台面

大样图　立面图

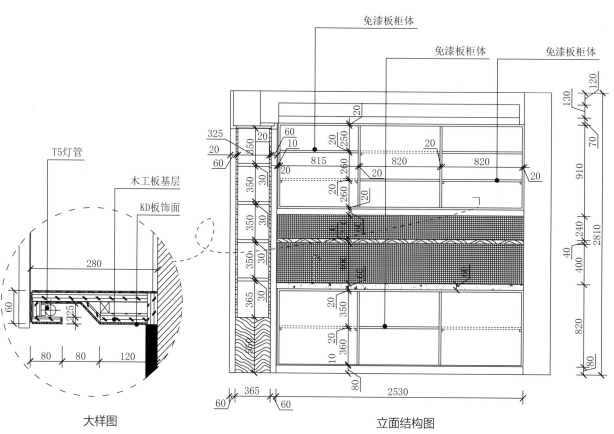

T5灯管

木工板基层

KD板饰面

免漆板柜体　免漆板柜体　免漆板柜体

大样图　立面结构图

实景方案图

设计案例 6

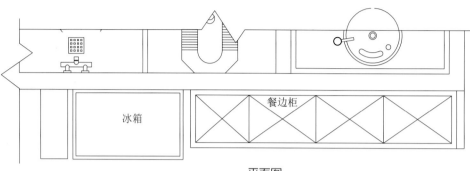

平面图

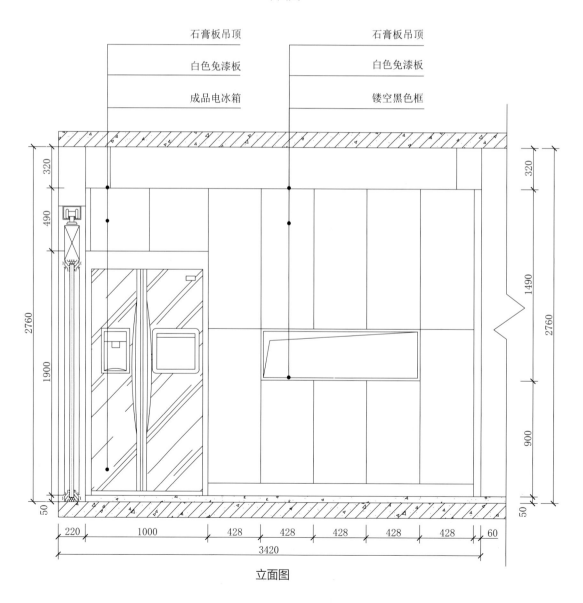

立面图

实景方案图

设计案例 7

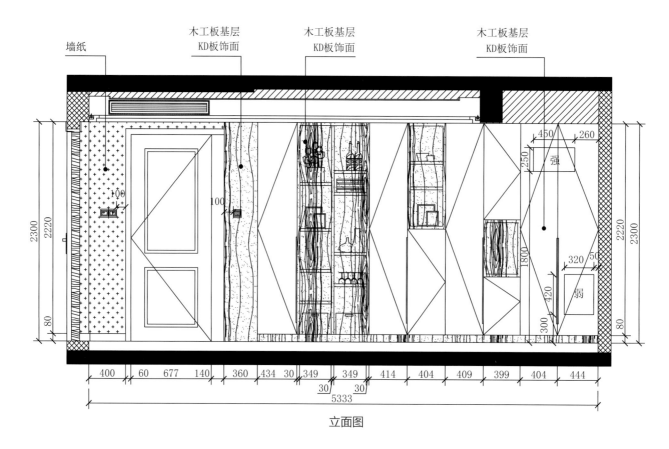

立面图

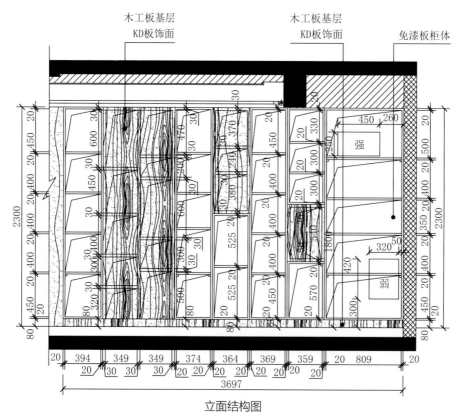

立面结构图

实景方案图

设计案例 8

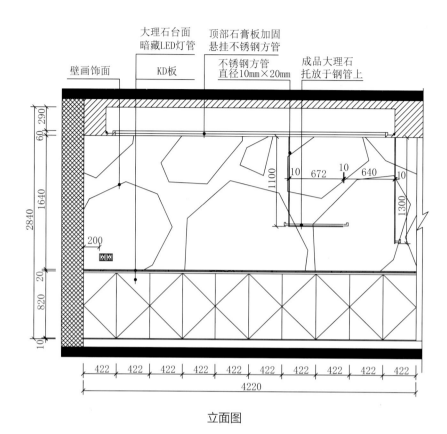

大理石台面
暗藏LED灯管

顶部石膏板加固
悬挂不锈钢方管

壁画饰面

KD板

不锈钢方管
直径10mm×20mm

成品大理石
托放于钢管上

立面图

实景方案图

设计案例 9

扫码看定制家具
全景设计

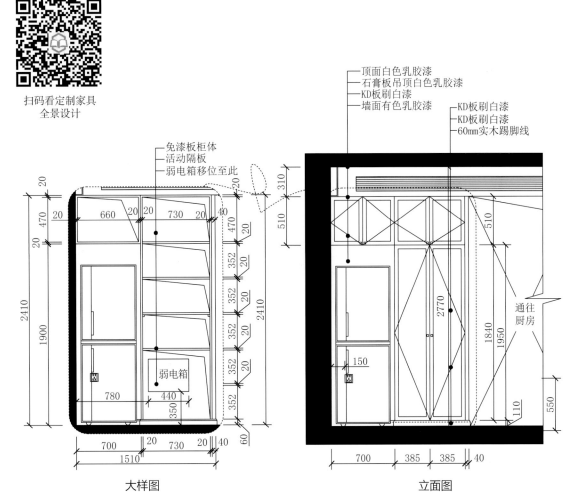

大样图

立面图

设计案例 10

实景方案图

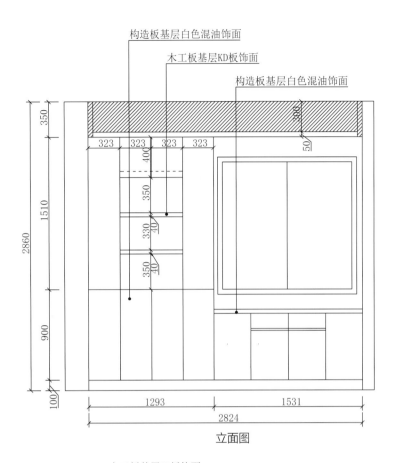

构造板基层白色混油饰面
木工板基层KD板饰面
构造板基层白色混油饰面

立面图

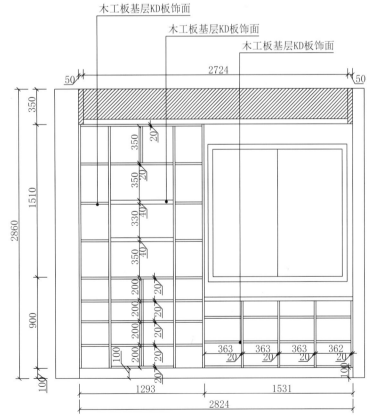

木工板基层KD板饰面
木工板基层KD板饰面
木工板基层KD板饰面

立面结构图

设计案例 11

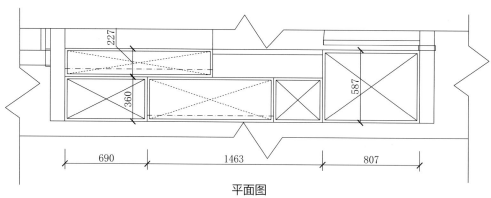

平面图

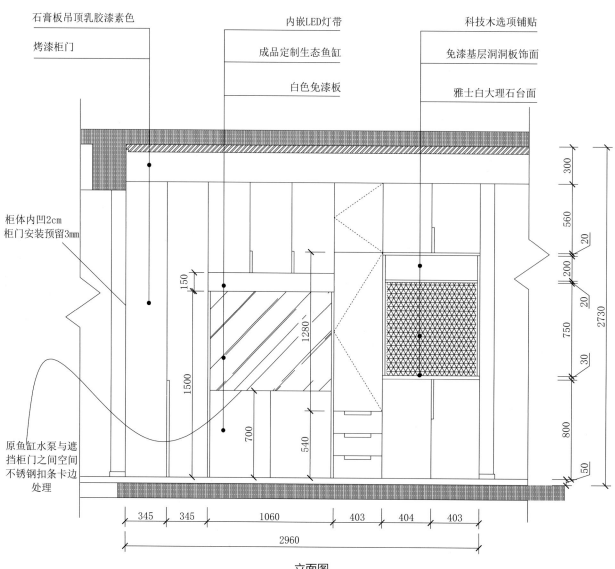

立面图

实景方案图

设计案例 12

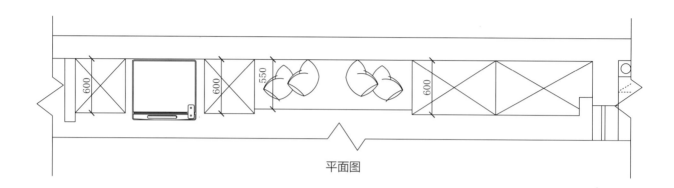

平面图

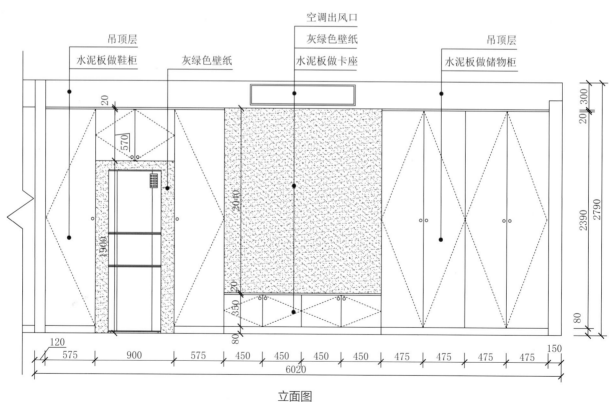

立面图

实景方案图

设计案例 13

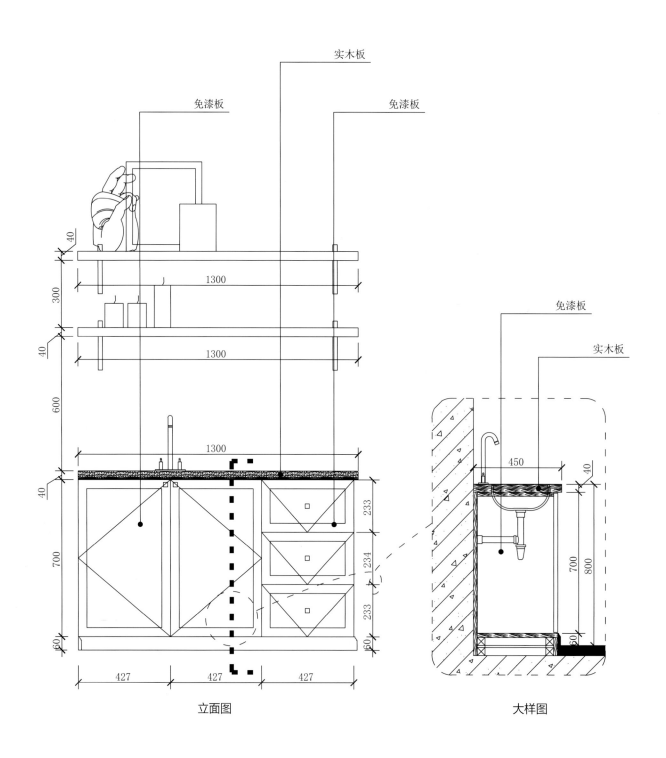

实木板

免漆板

免漆板

免漆板

实木板

1300

1300

1300

450

立面图

大样图

实景方案图

设计案例 14

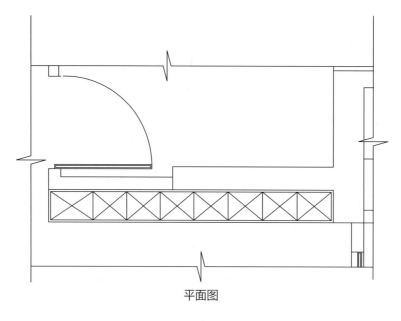

平面图

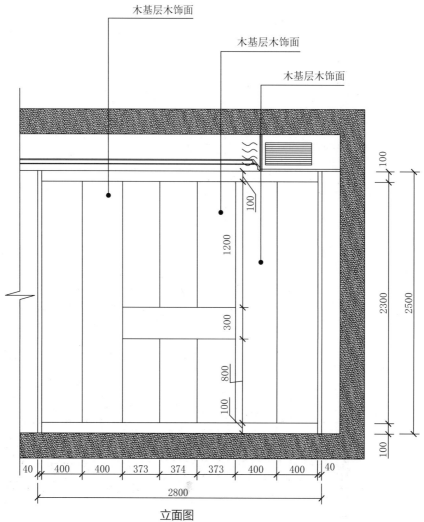

立面图

设计案例 **15**

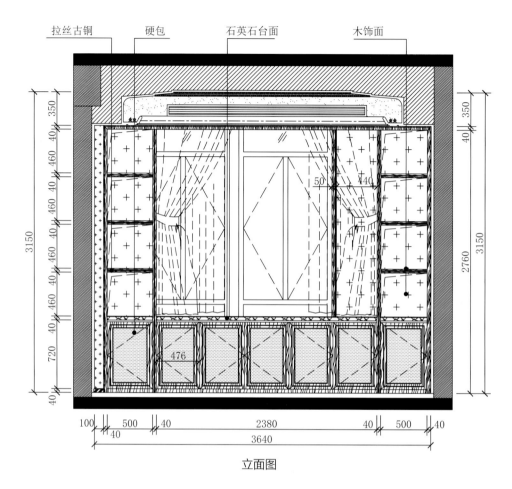

立面图

实景方案图

实景方案图

白色板材竖条拼

设计案例 **16**

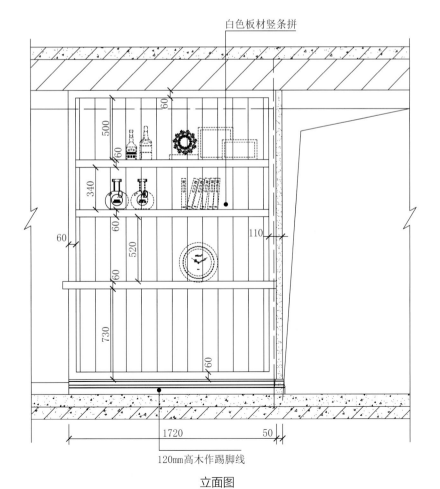

120mm高木作踢脚线

立面图

扫码看定制家具
全景设计

设计案例 17

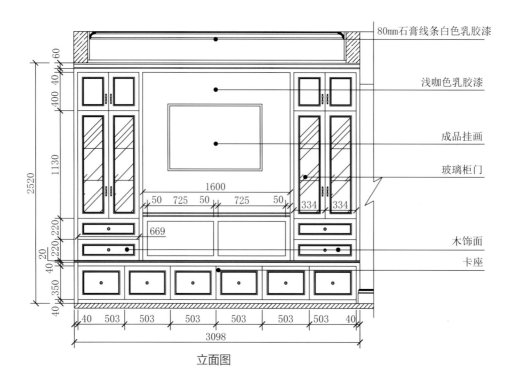

80mm石膏线条白色乳胶漆

浅咖色乳胶漆

成品挂画

玻璃柜门

木饰面

卡座

立面图

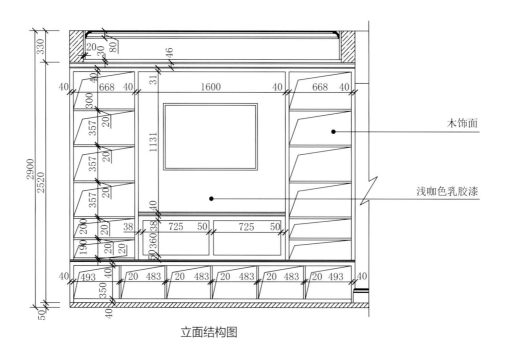

木饰面

浅咖色乳胶漆

立面结构图

实景方案图

设计案例 18

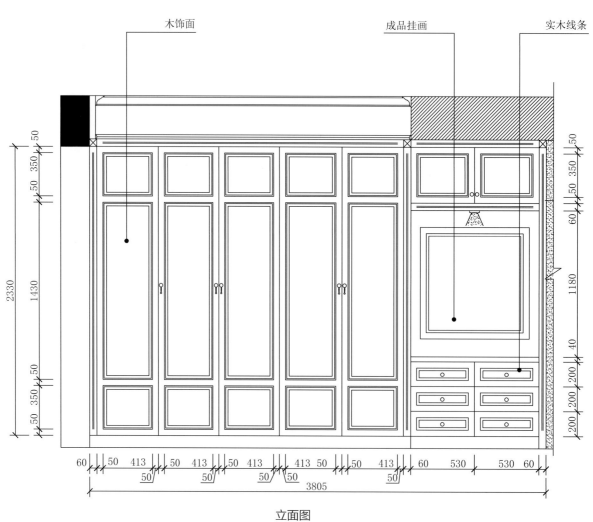

立面图

设计案例 19

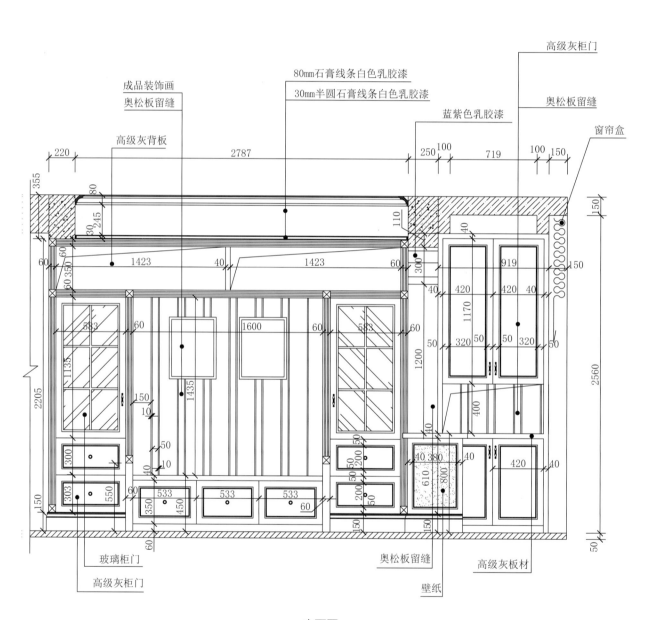

立面图

设计案例 20

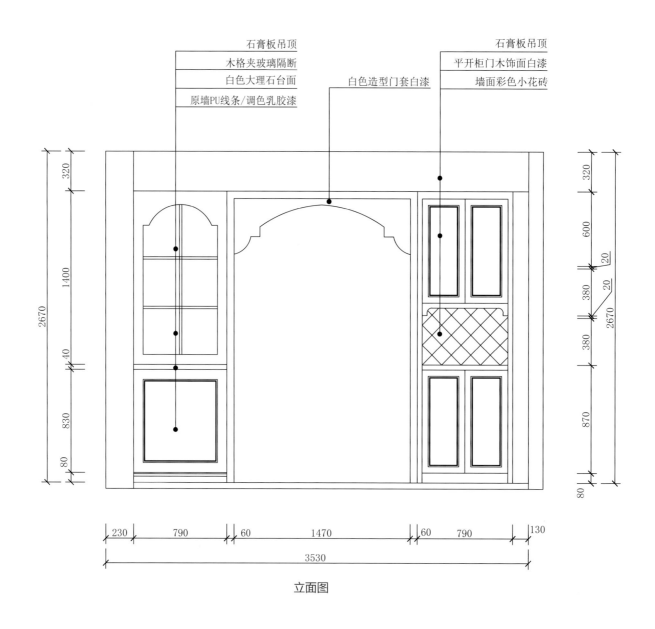

石膏板吊顶
木格夹玻璃隔断
白色大理石台面
原墙PU线条/调色乳胶漆

白色造型门套白漆

石膏板吊顶
平开柜门木饰面白漆
墙面彩色小花砖

立面图

二、酒柜

酒柜是专用于酒类储存及展示的柜子，对于一般家庭来说，酒柜并非是必备的定制家具，但在一定程度上可以提升家居格调，展现居住者品位。另外，酒柜的高度应该按照使用者的身高具体调节，这也是全屋定制家具的优点之一。

设计案例 1

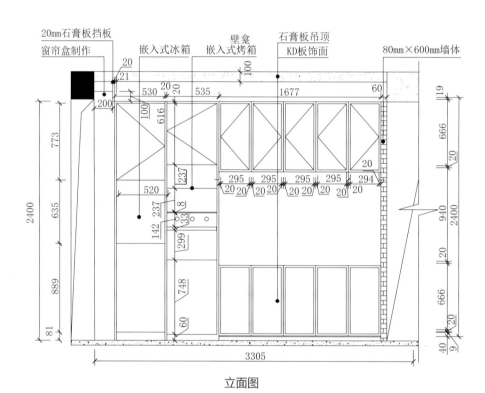

立面图

实景方案图

设计案例 2

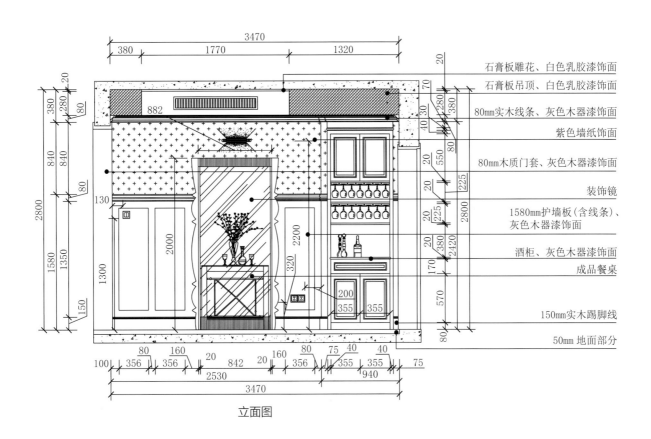

石膏板雕花、白色乳胶漆饰面

石膏板吊顶、白色乳胶漆饰面

80mm实木线条、灰色木器漆饰面

紫色墙纸饰面

80mm木质门套、灰色木器漆饰面

装饰镜

1580mm护墙板(含线条)、
灰色木器漆饰面

酒柜、灰色木器漆饰面

成品餐桌

150mm实木踢脚线

50mm 地面部分

立面图

设计案例 3

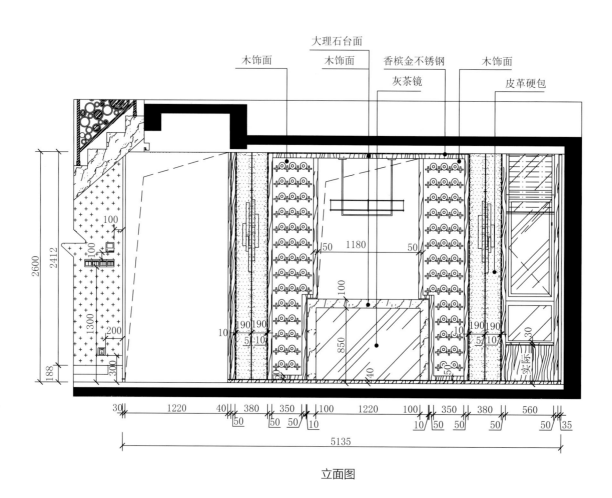

大理石台面
木饰面
木饰面
香槟金不锈钢
灰茶镜
木饰面
皮革硬包

立面图

实景方案图

设计案例 4

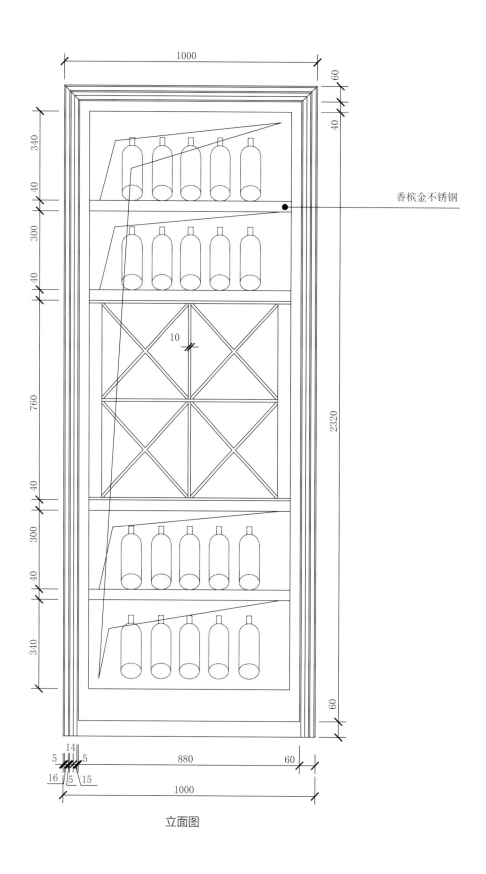

香槟金不锈钢

立面图

三、吧台

吧台最初出现在酒吧，后来将其引入室内设计中，可以作为休闲品酒的区域，也可以起到分隔空间的作用。需要注意的是，在室内空间中设置吧台，必须将其看作是空间中完整的一部分，使之更好地融入空间。

设计案例 1

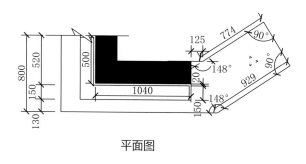

平面图

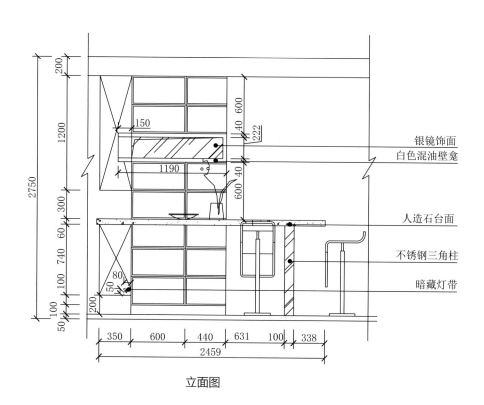

银镜饰面
白色混油壁龛

人造石台面

不锈钢三角柱

暗藏灯带

立面图

实景方案图

设计案例 2

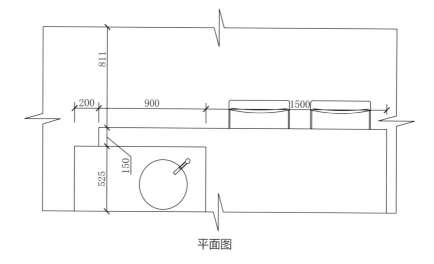

平面图

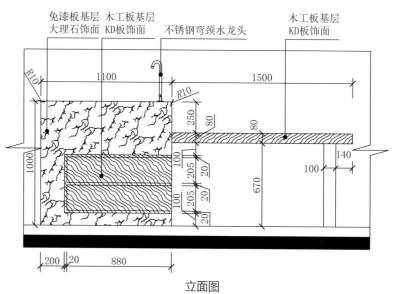

免漆板基层　木工板基层　　　　　　　　　　木工板基层
大理石饰面　KD板饰面　　不锈钢弯颈水龙头　KD板饰面

立面图

扫码看定制家具
全景设计

实景方案图

设计案例 **3**

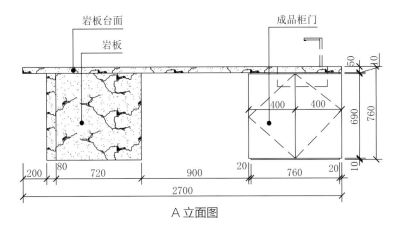

A 立面图

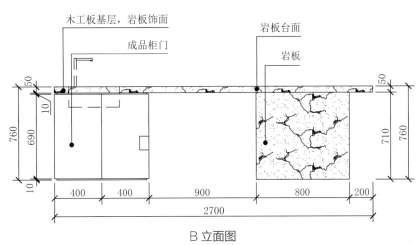

B 立面图

实景方案图

设计案例 4

实木板　　白色文化砖　　白色乳胶漆

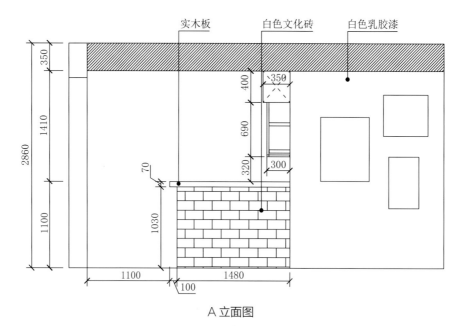

A 立面图

吊顶位　　　　　　　红色文化砖

调色油漆　　　　　白色石材台面　　　　KD板饰面

木色层板　　　　　　调色油漆　　　　KD板饰面

B 立面图

实景方案图

设计案例 5

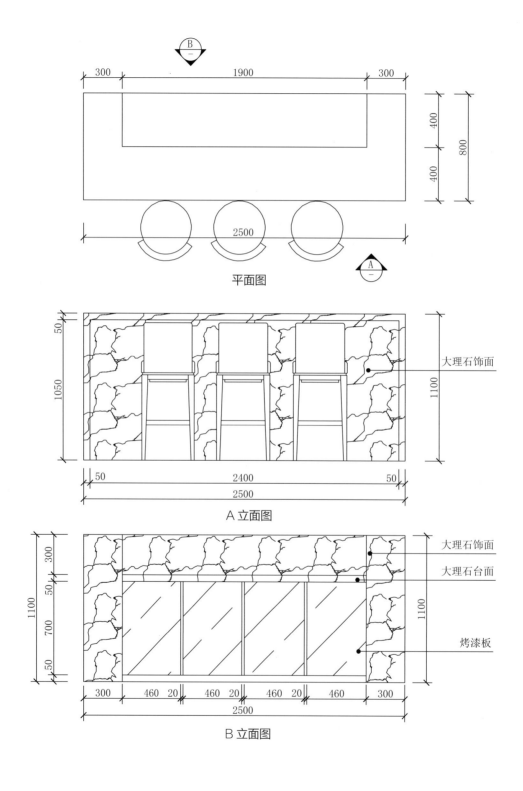

平面图

A 立面图

大理石饰面

大理石饰面

大理石台面

烤漆板

B 立面图

实景方案图

设计案例 **6**

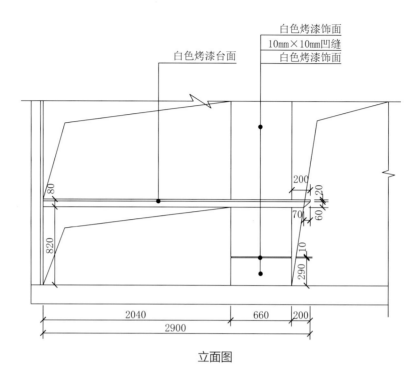

白色烤漆饰面
10mm×10mm凹缝
白色烤漆饰面

白色烤漆台面

立面图

实景方案图

设计案例 7

实景方案图

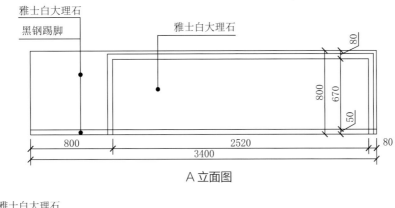

雅士白大理石

黑钢踢脚

雅士白大理石

80

800

670

50

800

2520

80

3400

A 立面图

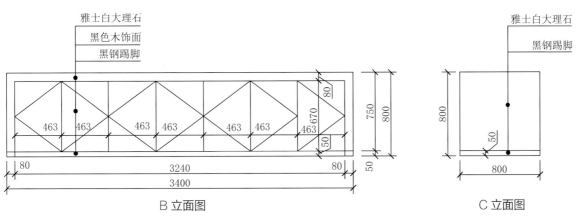

雅士白大理石

黑色木饰面

黑钢踢脚

463 463 463 463 463 463 463

80

670

50

80

3240

80

3400

80

750

800

50

B 立面图

雅士白大理石

黑钢踢脚

800

50

800

C 立面图

设计案例 8

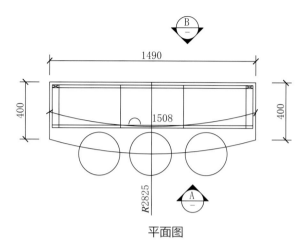

平面图

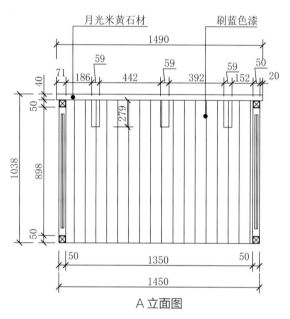

A 立面图

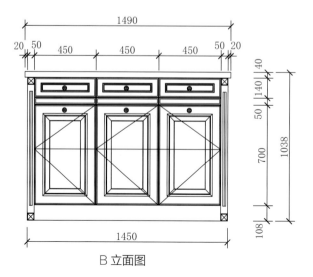

B 立面图

设计案例 9

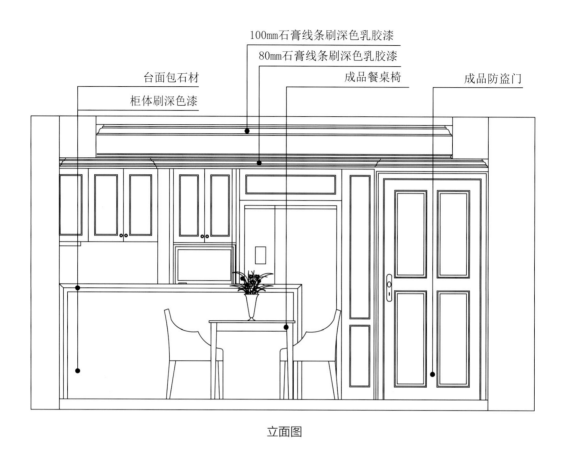

100mm石膏线条刷深色乳胶漆

80mm石膏线条刷深色乳胶漆

台面包石材

成品餐桌椅

成品防盗门

柜体刷深色漆

立面图

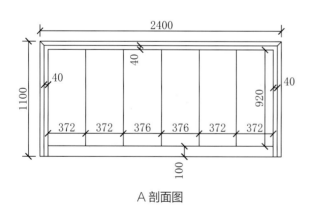

A 剖面图

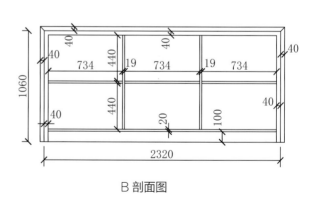

B 剖面图

实景方案图

设计案例 **10**

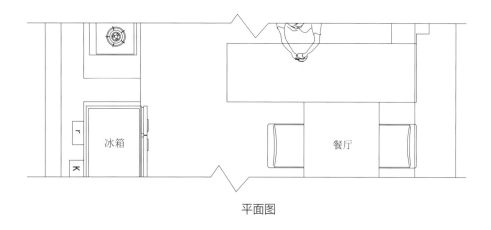

平面图

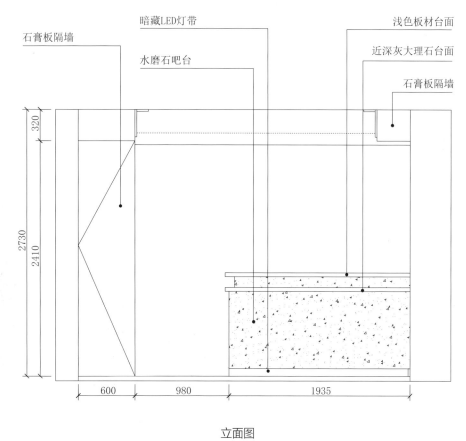

立面图

实景方案图

设计案例 **11**

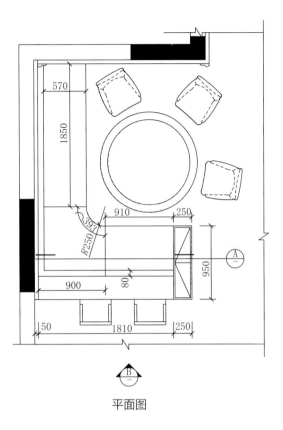

平面图

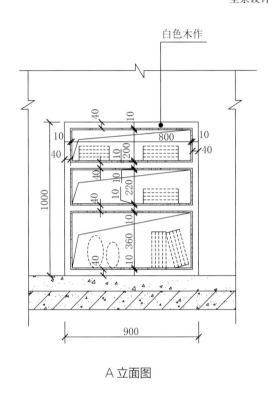

白色木作

A 立面图

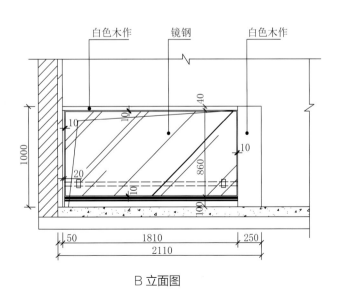

白色木作　镜钢　白色木作

B 立面图

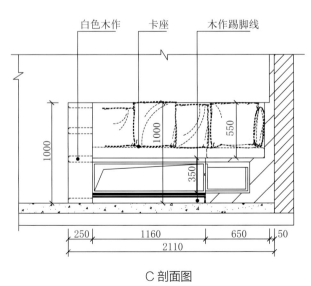

白色木作　卡座　木作踢脚线

C 剖面图

实景方案图

设计案例 12

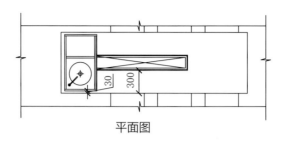

平面图

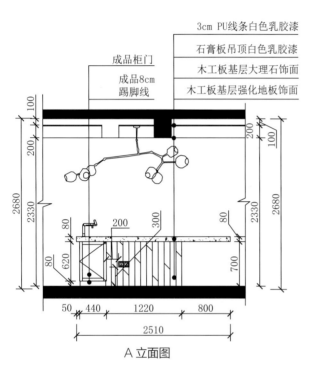

3cm PU线条白色乳胶漆
石膏板吊顶白色乳胶漆
木工板基层大理石饰面
木工板基层强化地板饰面

成品柜门
成品8cm
踢脚线

A 立面图

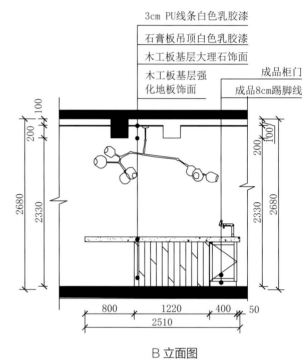

3cm PU线条白色乳胶漆
石膏板吊顶白色乳胶漆
木工板基层大理石饰面
木工板基层强
化地板饰面

成品柜门
成品8cm踢脚线

B 立面图

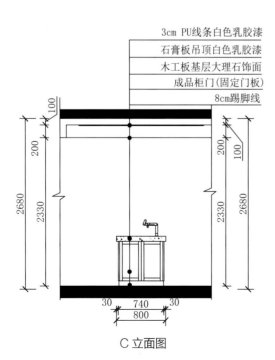

3cm PU线条白色乳胶漆
石膏板吊顶白色乳胶漆
木工板基层大理石饰面
成品柜门(固定门板)
8cm踢脚线

C 立面图

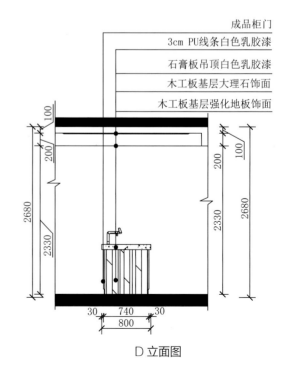

成品柜门
3cm PU线条白色乳胶漆
石膏板吊顶白色乳胶漆
木工板基层大理石饰面
木工板基层强化地板饰面

D 立面图

实景方案图

四、卡座

卡座原本多用于商业场所中，比起单体座椅来说可容纳的人数更具灵活性，所以被逐渐引用到家居的餐厅中，并在过程中被改良，下方常设计成储物柜，来增加收纳空间。

设计案例 1

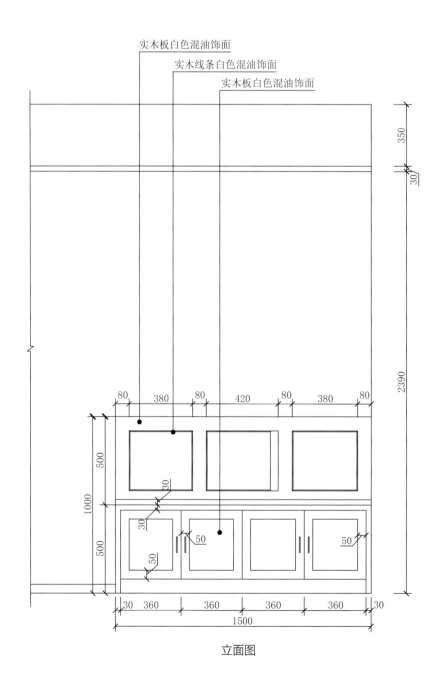

立面图

实景方案图

设计案例 2

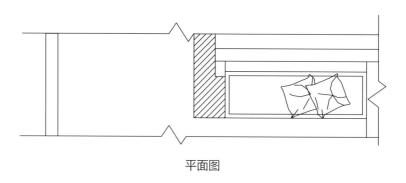

平面图

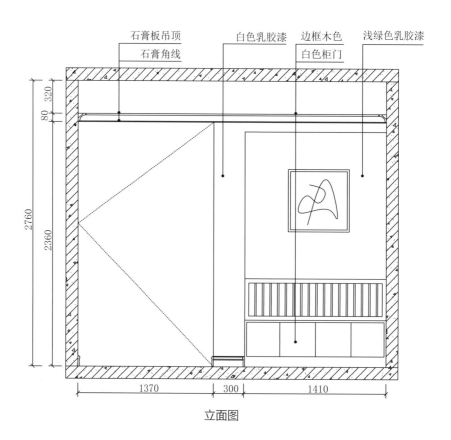

立面图

实景方案图

设计案例 3

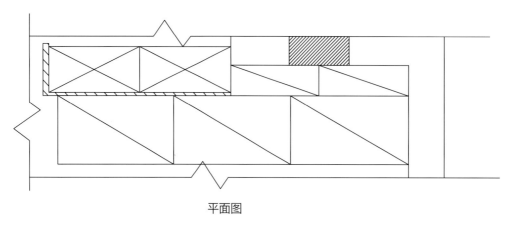

平面图

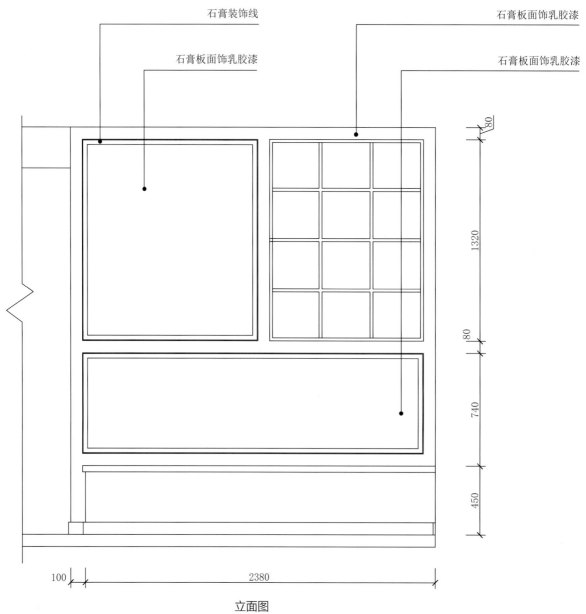

石膏装饰线

石膏板面饰乳胶漆

石膏板面饰乳胶漆

石膏板面饰乳胶漆

立面图

扫码看定制家具
全景设计

实景方案图

设计案例 4

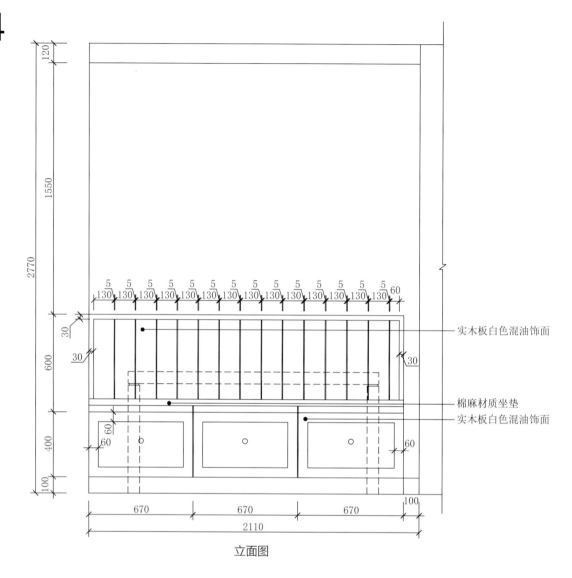

实木板白色混油饰面

棉麻材质坐垫
实木板白色混油饰面

立面图

实景方案图

设计案例 **5**

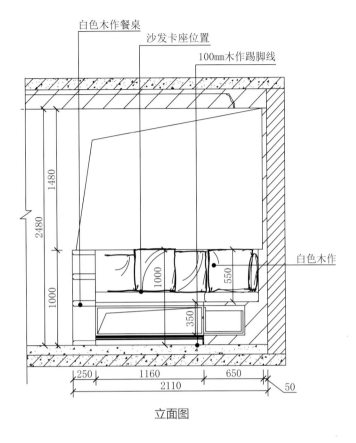

白色木作餐桌

沙发卡座位置

100mm木作踢脚线

2480

1480

1000

1000

550

350

白色木作

250 | 1160 | 650

2110

50

立面图

实景方案图

设计案例 6

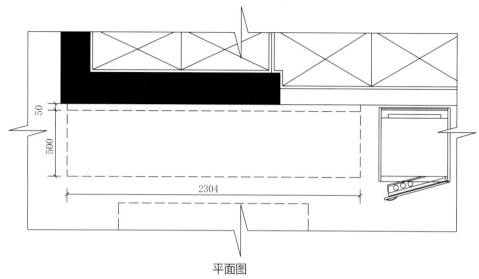

平面图

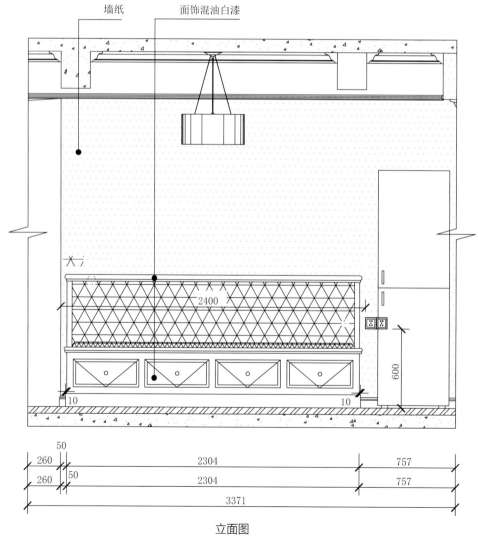

立面图

设计案例 7

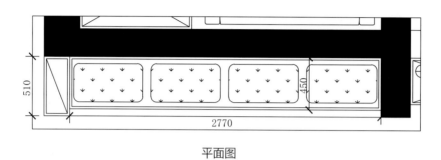

平面图

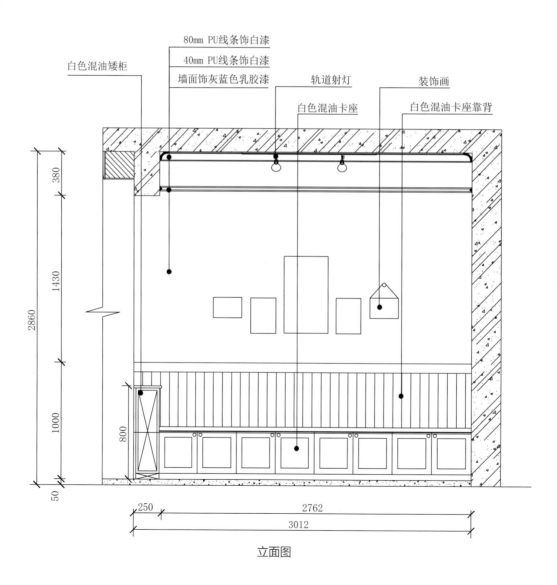

立面图

设计案例 8

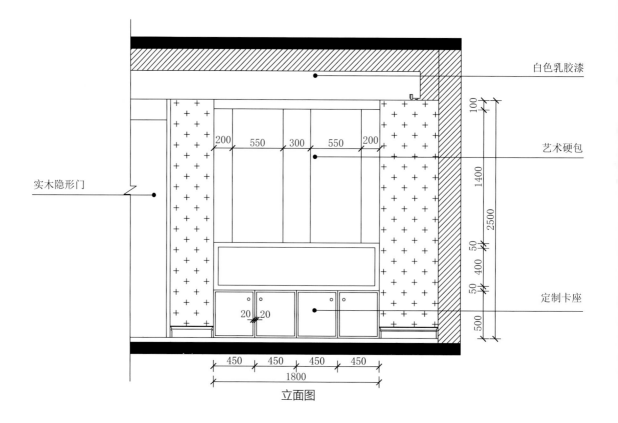

白色乳胶漆

艺术硬包

实木隐形门

定制卡座

立面图

扫码看定制家具
全景设计

实景方案图

第四章

卧室
定制家具

卧室定制产品包括衣柜、床头柜等。其中，衣柜所占的比例较大，而且可以作为卧室中最适宜的收纳家具，几乎是每个家庭都会选择的定制化家具。一体式定制床头则属于一个整体，在设计时需要综合考虑，才能令整体空间达到一个美观效果。

一、衣柜　　二、一体式定制床头

一、衣柜

衣柜是卧室中最主要的定制家具，承担着储藏、陈设的任务。定制衣柜最大的优势就是能够充分合理地利用有效的空间，使设计更加人性化。在定制设计中，衣柜可以根据居住者的需求任意设计，或者抽屉多，或者多搁板，这些优点使衣柜的整体性、随意性更高。

设计案例 **1**

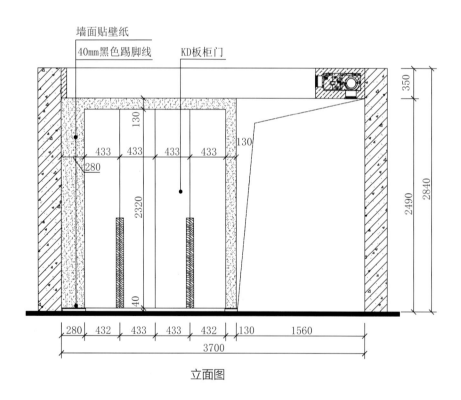

立面图

实景方案图

设计案例 2

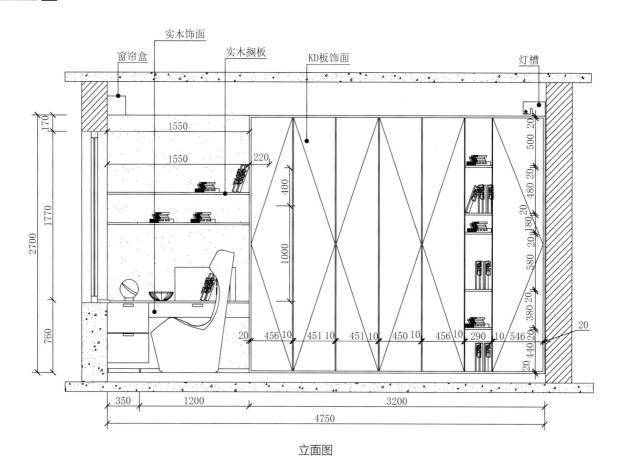

立面图

实景方案图

设计案例 **3**

实景方案图

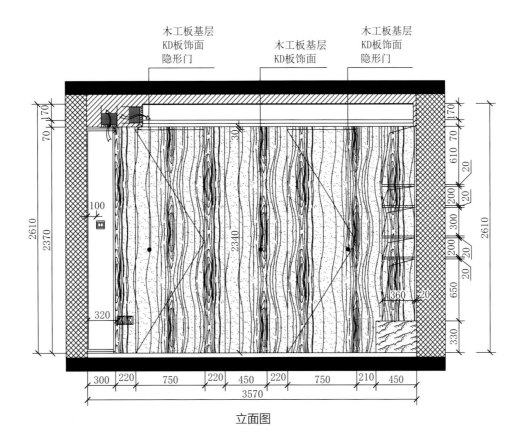

木工板基层　木工板基层　木工板基层
KD板饰面　KD板饰面　KD板饰面
隐形门　　　　　　　　隐形门

立面图

设计案例 4

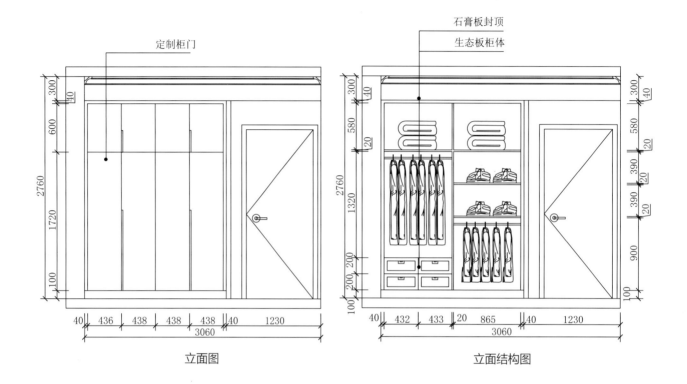

定制柜门

石膏板封顶
生态板柜体

300
40
600
2760
1720
100
40   436   438   438   438   40   1230
3060

立面图

300
40
580
20
390
20
390
20
900
100
2760
1320
200
200
100
40   432   433   20   865   40   1230
3060

立面结构图

实景方案图

设计案例 5

实景方案图

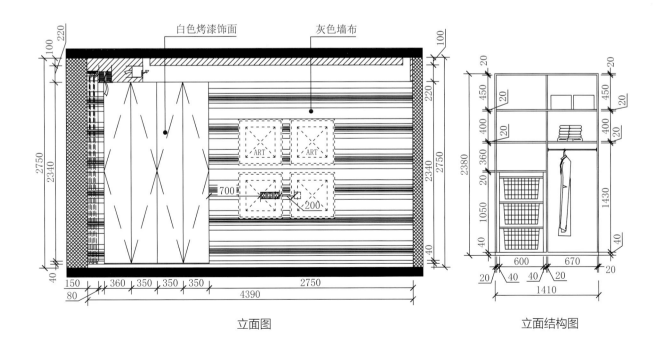

立面图

立面结构图

设计案例 6

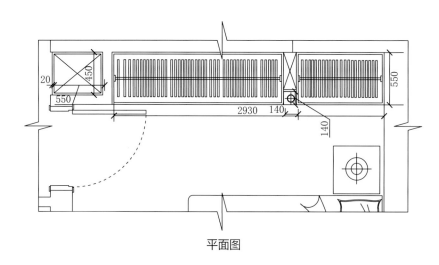

平面图

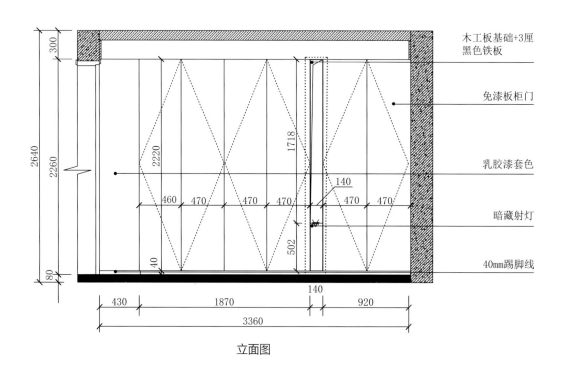

立面图

木工板基础+3厘
黑色铁板

免漆板柜门

乳胶漆套色

暗藏射灯

40mm踢脚线

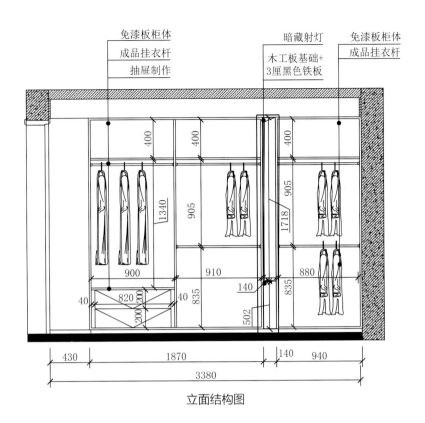

免漆板柜体
成品挂衣杆
抽屉制作

暗藏射灯
木工板基础+
3厘黑色铁板

免漆板柜体
成品挂衣杆

立面结构图

实景方案图

设计案例 **7**

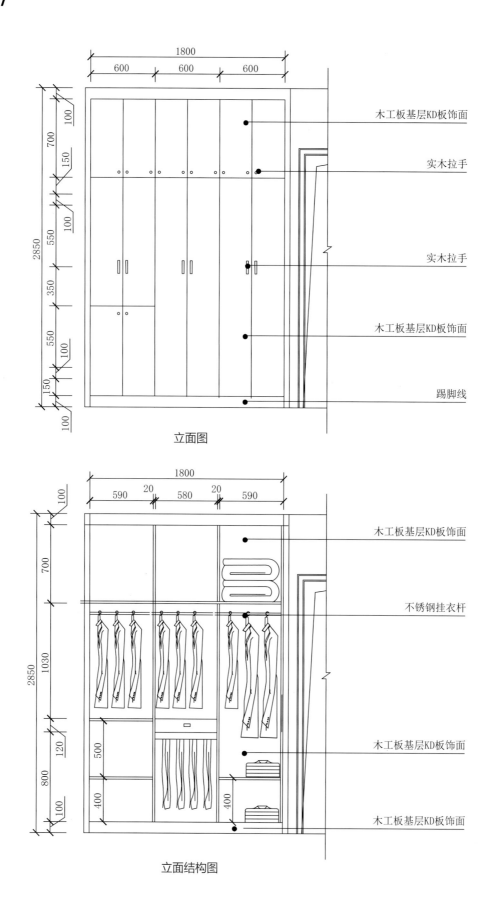

木工板基层KD板饰面

实木拉手

实木拉手

木工板基层KD板饰面

踢脚线

立面图

木工板基层KD板饰面

不锈钢挂衣杆

木工板基层KD板饰面

木工板基层KD板饰面

立面结构图

实景方案图

设计案例 8

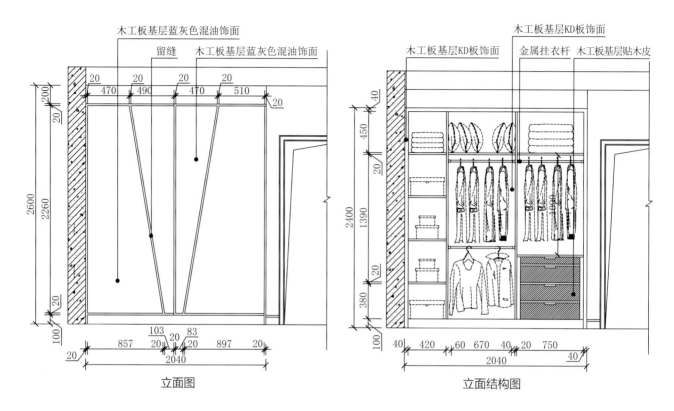

木工板基层蓝灰色混油饰面
留缝　木工板基层蓝灰色混油饰面

立面图

木工板基层KD板饰面
木工板基层KD板饰面　金属挂衣杆　木工板基层贴木皮

立面结构图

实景方案图

设计案例 9

实景方案图

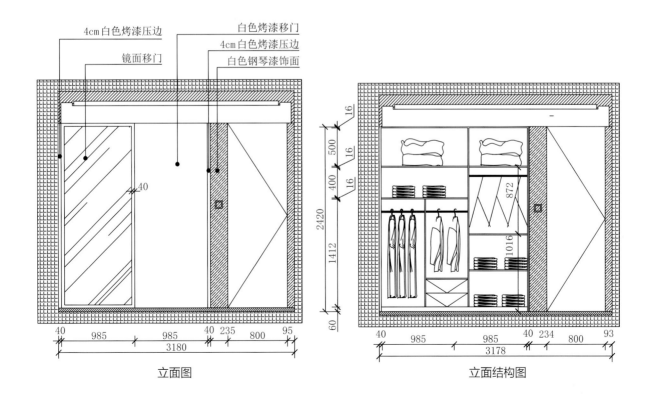

4cm白色烤漆压边

白色烤漆移门

镜面移门

4cm白色烤漆压边

白色钢琴漆饰面

40

40 985 985 40 235 800 95

3180

立面图

16

500 16

400 16

2420

1412

60

40 985 985 40 234 800 93

3178

立面结构图

872

1016

设计案例 10

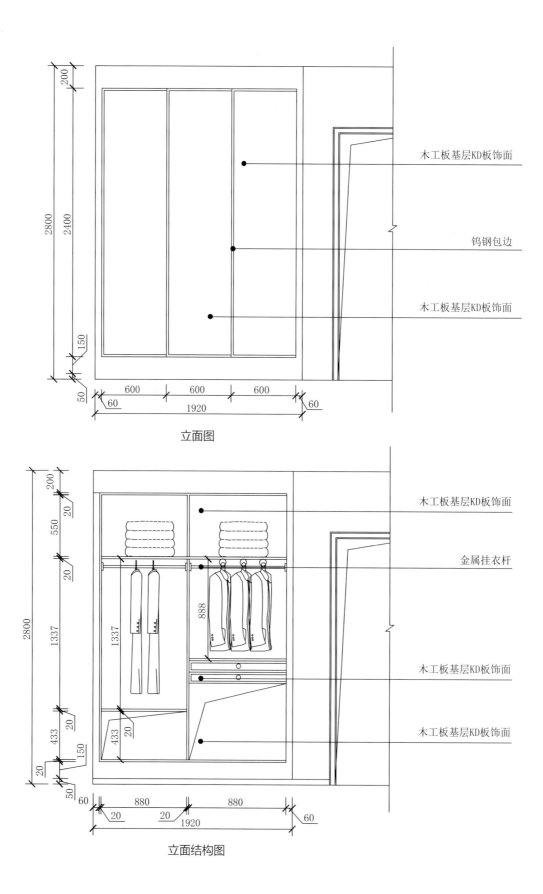

木工板基层KD板饰面

钨钢包边

木工板基层KD板饰面

立面图

木工板基层KD板饰面

金属挂衣杆

木工板基层KD板饰面

木工板基层KD板饰面

立面结构图

实景方案图

设计案例 11

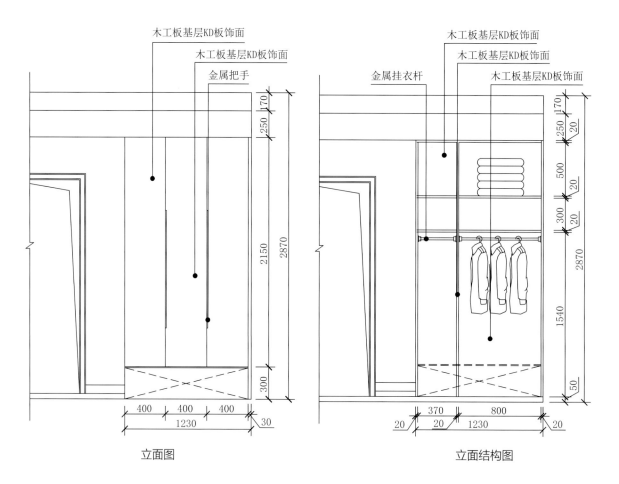

木工板基层KD板饰面
木工板基层KD板饰面
金属把手

170
250
2870
2150
300

400 400 400
1230
30

立面图

金属挂衣杆
木工板基层KD板饰面
木工板基层KD板饰面
木工板基层KD板饰面

170
250
20
500
20
300
20
2870
1540
50

20
370
800
20
1230
20

立面结构图

实景方案图

设计案例 **12**

实景方案图

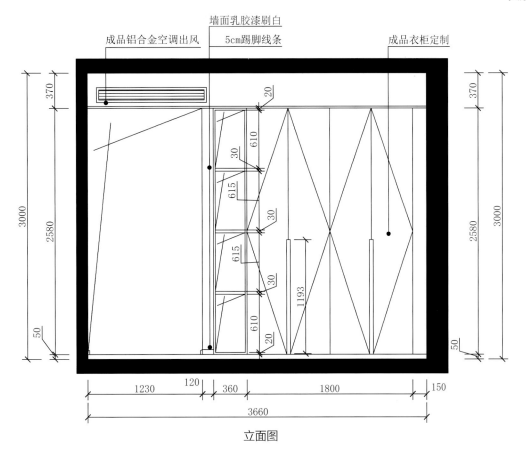

立面图

设计案例 **13**

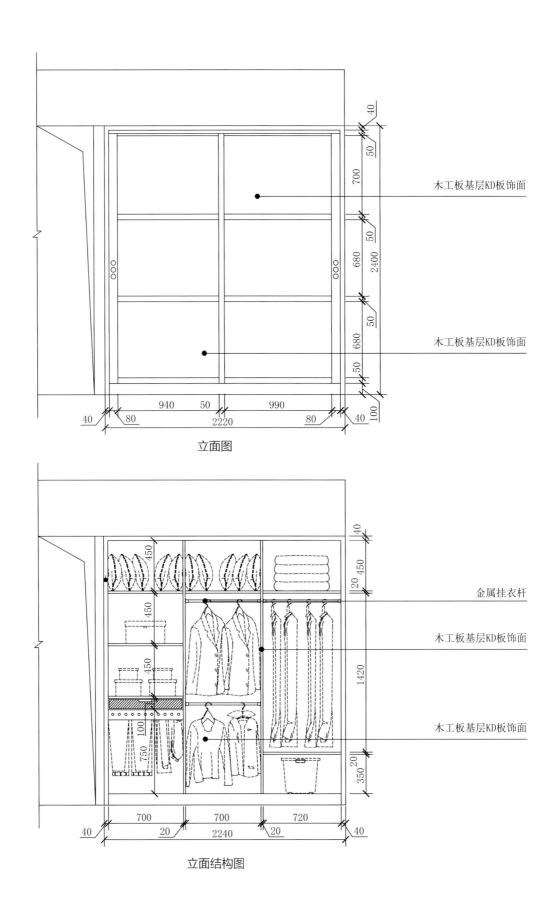

木工板基层KD板饰面

木工板基层KD板饰面

立面图

金属挂衣杆

木工板基层KD板饰面

木工板基层KD板饰面

立面结构图

实景方案图

设计案例 **14**

免漆板移门　　　镜面不锈钢饰面

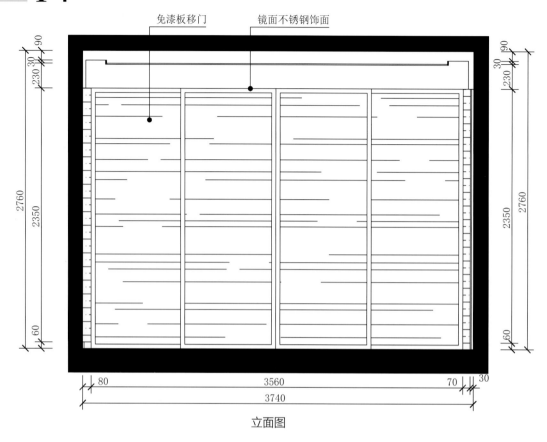

立面图

免漆板柜体　9厘板后背板　与墙体间加垫防潮纸

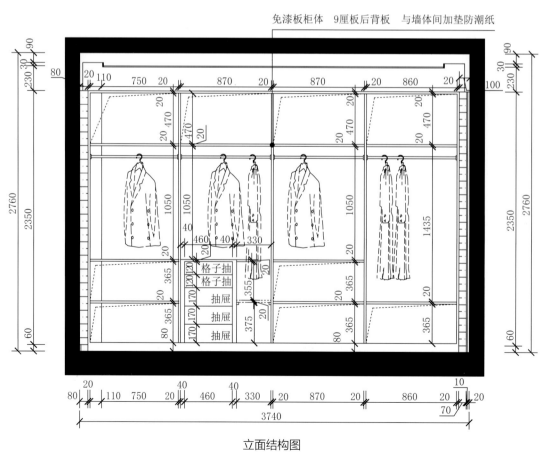

格子抽
格子抽
抽屉
抽屉
抽屉

立面结构图

实景方案图

设计案例 15

实景方案图

扫码看定制家具
全景设计

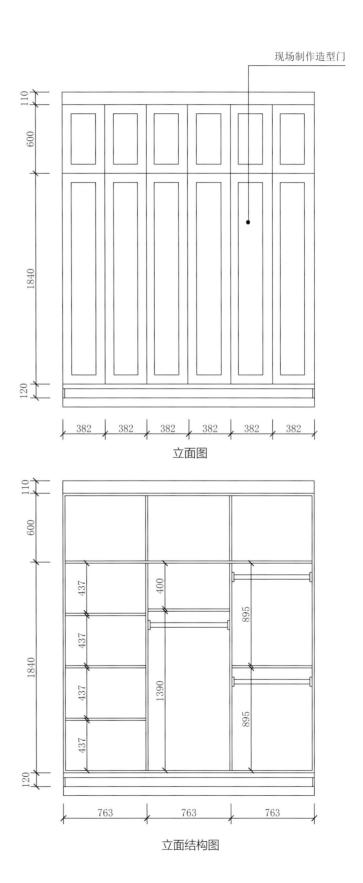

现场制作造型门

立面图

立面结构图

设计案例 16

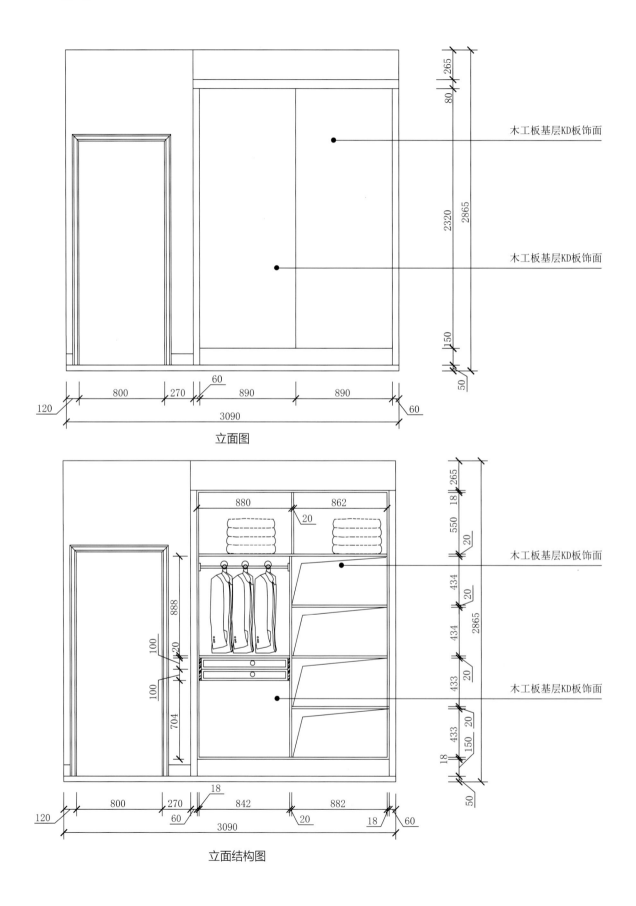

立面图

立面结构图

实景方案图

设计案例 17

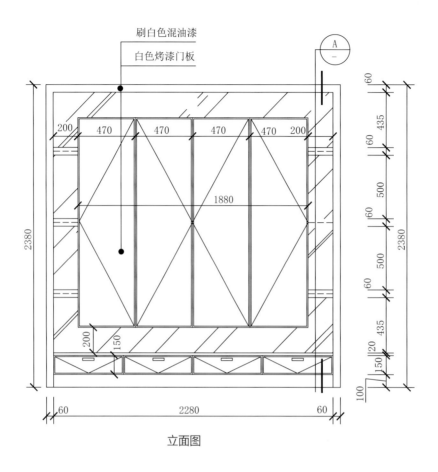

刷白色混油漆
白色烤漆门板

立面图

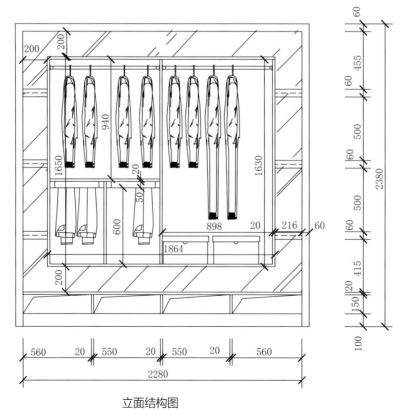

立面结构图

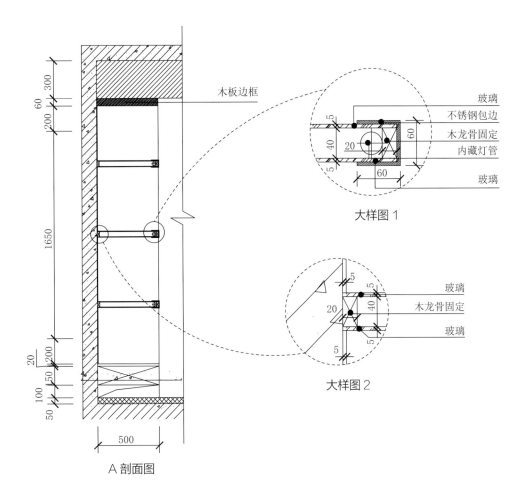

木板边框

玻璃
不锈钢包边
木龙骨固定
内藏灯管

玻璃

大样图 1

玻璃
木龙骨固定
玻璃

大样图 2

A 剖面图

设计案例 18

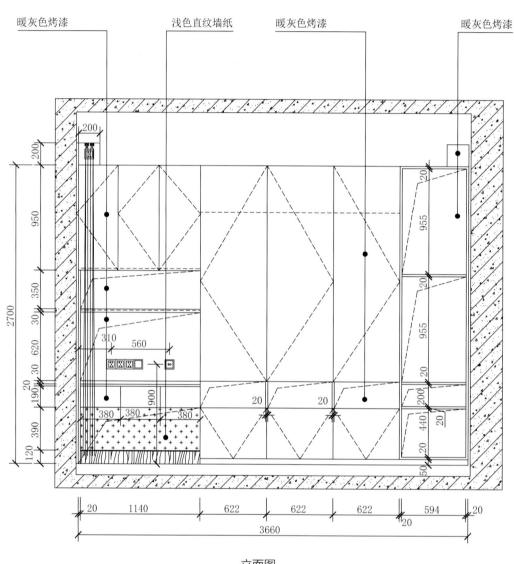

暖灰色烤漆　　　　浅色直纹墙纸　　　　暖灰色烤漆　　　　暖灰色烤漆

立面图

实景方案图

设计案例 **19**

实景方案图

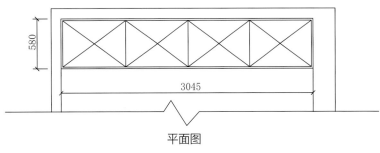

平面图

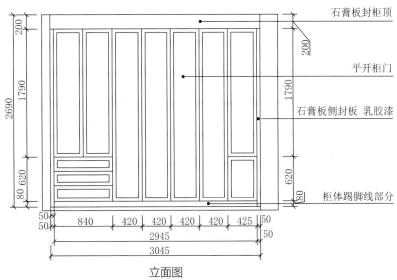

石膏板封柜顶

平开柜门

石膏板侧封板　乳胶漆

柜体踢脚线部分

立面图

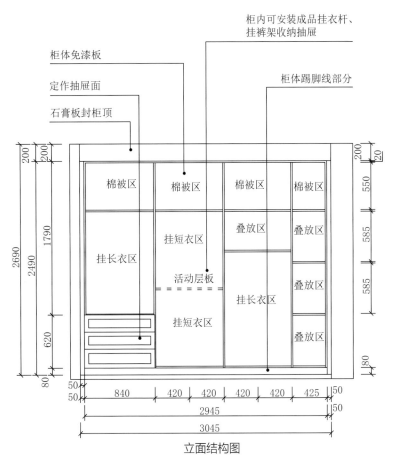

柜内可安装成品挂衣杆、
挂裤架收纳抽屉

柜体免漆板

定作抽屉面

柜体踢脚线部分

石膏板封柜顶

棉被区　棉被区　棉被区　棉被区

叠放区　叠放区

挂短衣区

挂长衣区

活动层板　叠放区

挂长衣区

挂短衣区　叠放区

立面结构图

设计案例 20

原墙面调色乳胶漆

开放格挂衣区 饰面板 白漆

平开柜门+木线条 白漆

开放格饰面板 白漆

立面图

开放格饰面板 白漆

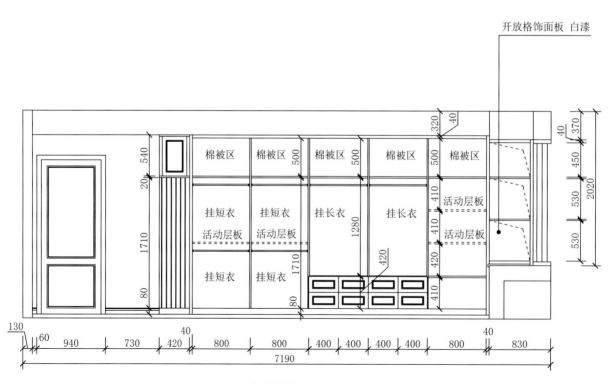

立面结构图

设计案例 21

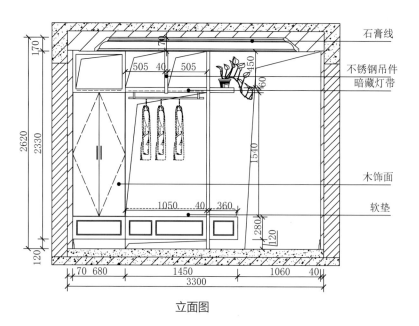

石膏线

不锈钢吊件
暗藏灯带

木饰面

软垫

立面图

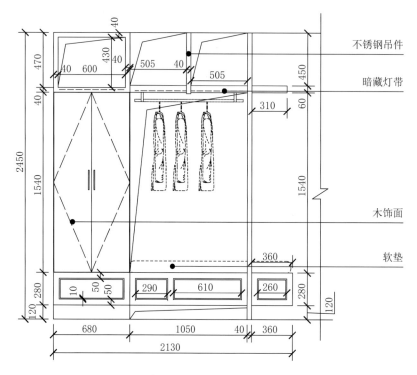

不锈钢吊件

暗藏灯带

木饰面

软垫

立面结构图

设计案例 **22**

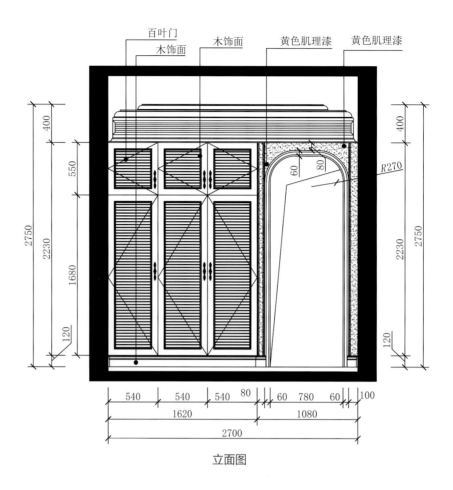

百叶门　　木饰面　　木饰面　　黄色肌理漆　　黄色肌理漆

立面图

实景方案图

设计案例 23

实景方案图

扫码看定制家具
全景设计

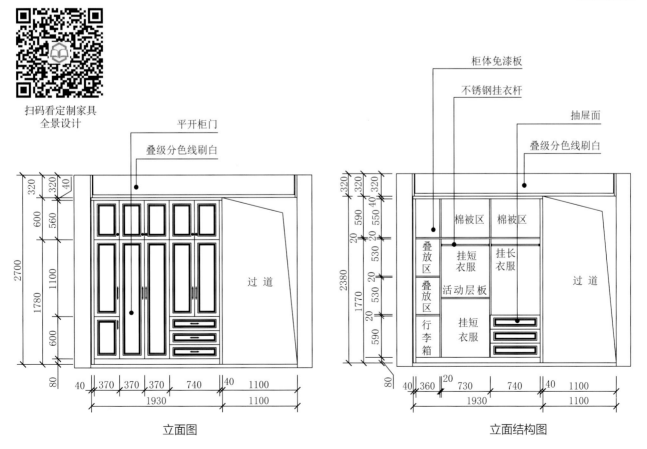

平开柜门

叠级分色线刷白

柜体免漆板

不锈钢挂衣杆

抽屉面

叠级分色线刷白

棉被区　棉被区

叠放区　挂短衣服　挂长衣服

叠放区　活动层板

行李箱　挂短衣服

过道

立面图

立面结构图

设计案例 **24**

扫码看定制家具
全景设计

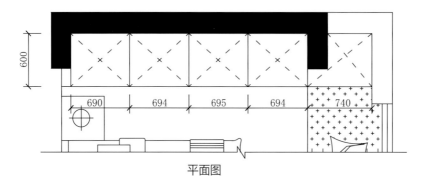

平面图

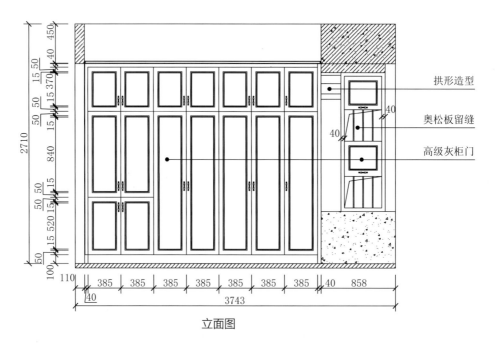

拱形造型

奥松板留缝

高级灰柜门

立面图

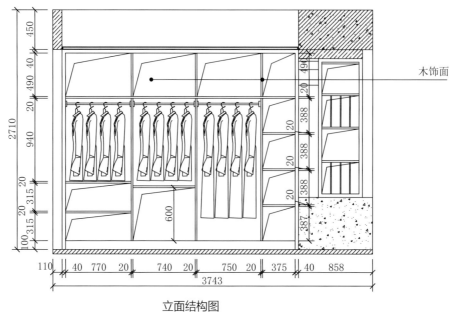

木饰面

立面结构图

实景方案图

设计案例 **25**

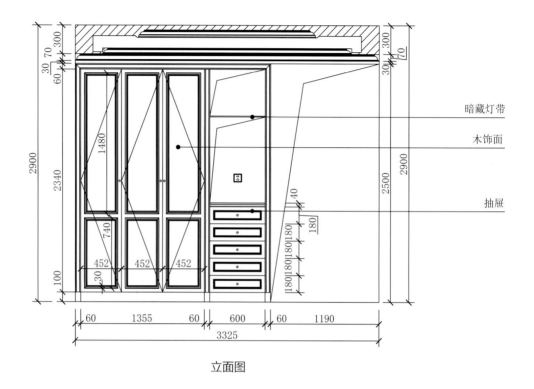

立面图

- 暗藏灯带
- 木饰面
- 抽屉

实景方案图

设计案例 **26**

实景方案图

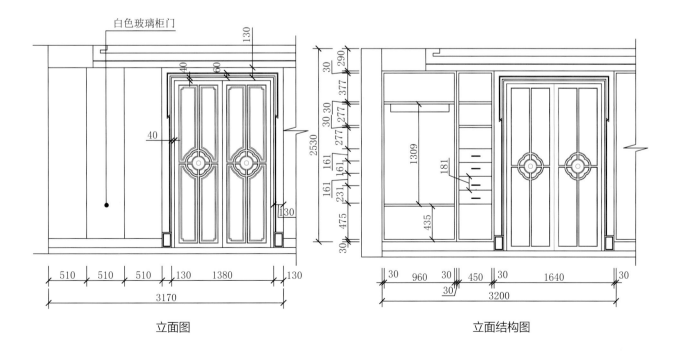

白色玻璃柜门

立面图

立面结构图

设计案例 **27**

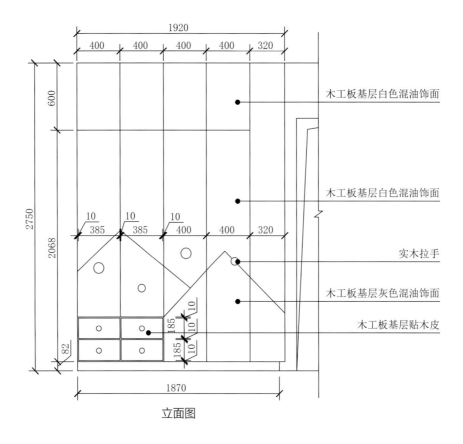

木工板基层白色混油饰面

木工板基层白色混油饰面

实木拉手

木工板基层灰色混油饰面

木工板基层贴木皮

立面图

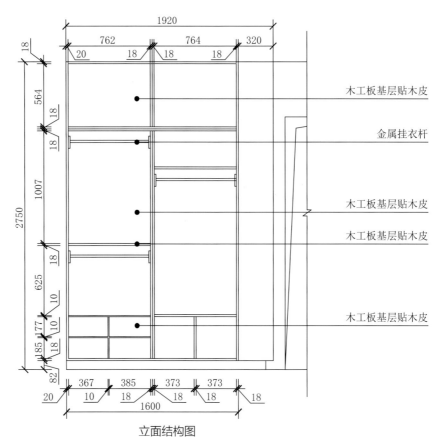

木工板基层贴木皮

金属挂衣杆

木工板基层贴木皮

木工板基层贴木皮

木工板基层贴木皮

立面结构图

设计案例 **28**

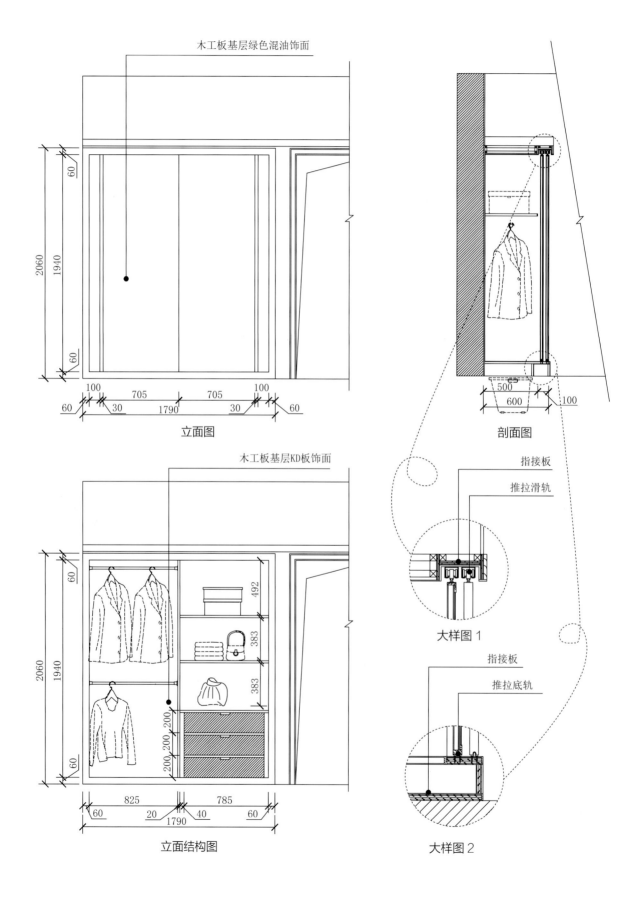

木工板基层绿色混油饰面

2060
1940
60
60

100 705 705 100
60 30 1790 30 60

立面图

木工板基层KD板饰面

2060
1940
60
492
383
383
200 200 200
60

825 785
60 20 40 60
1790

立面结构图

木工板基层绿色混油饰面

500
600 100

剖面图

指接板
推拉滑轨

大样图 1

指接板
推拉底轨

大样图 2

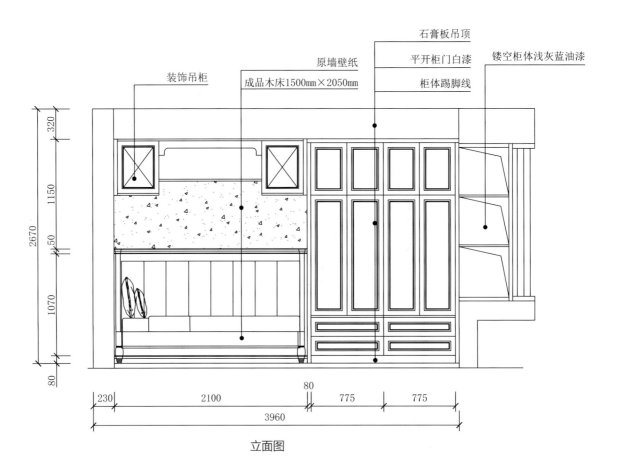

立面图

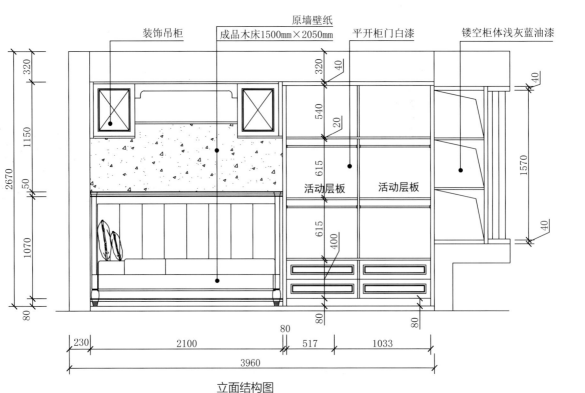

立面结构图

实景方案图

设计案例 **30**

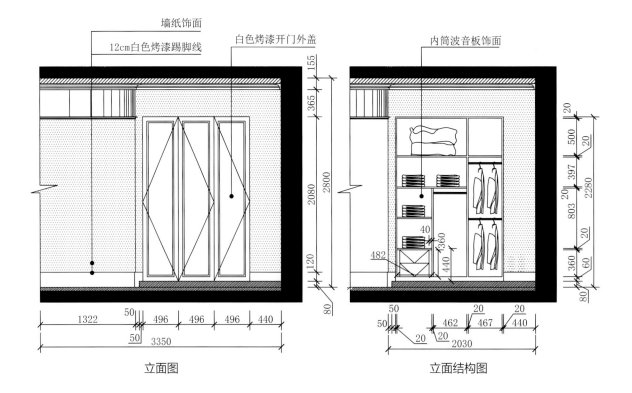

立面图   立面结构图

实景方案图

设计案例 **31**

实景方案图

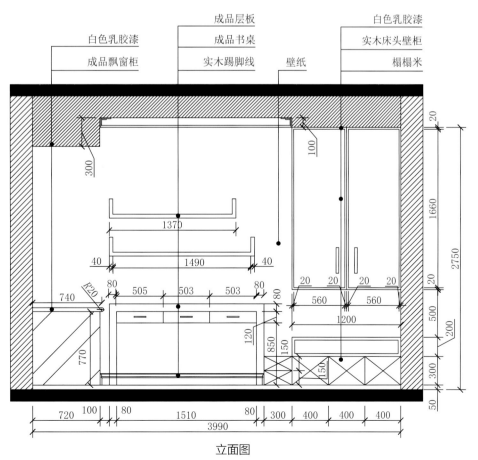

立面图

设计案例 32

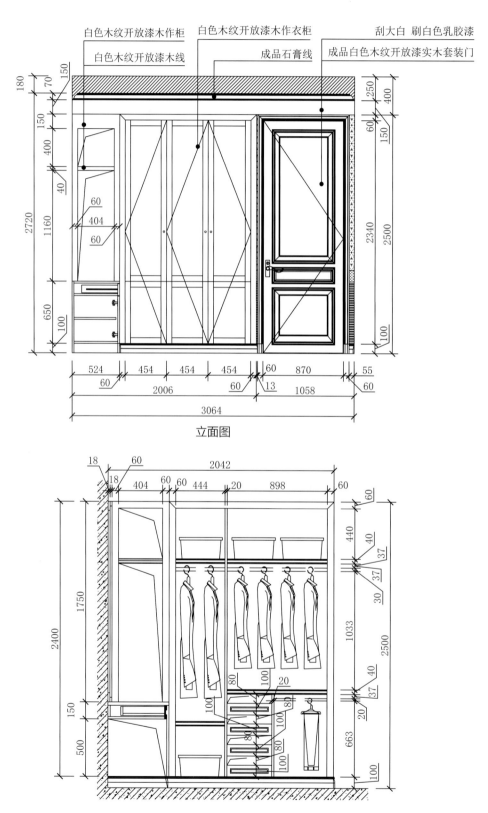

白色木纹开放漆木作柜
白色木纹开放漆木线
白色木纹开放漆木作衣柜
成品石膏线
刮大白 刷白色乳胶漆
成品白色木纹开放漆实木套装门

立面图

立面结构图

实景方案图

二、一体式定制床头

一体式定制床头兼具了实用性和美观性。一般常见两种定制形式：一种是对睡床的床头进行定制，这种方式主要是起到装饰作用，令整个空间的设计感更强；另外一种则是定制整墙式的收纳柜，使其成为独特的卧室背景墙，不仅空间整体的设计感增强了，收纳功能也大幅提高。

设计案例 1

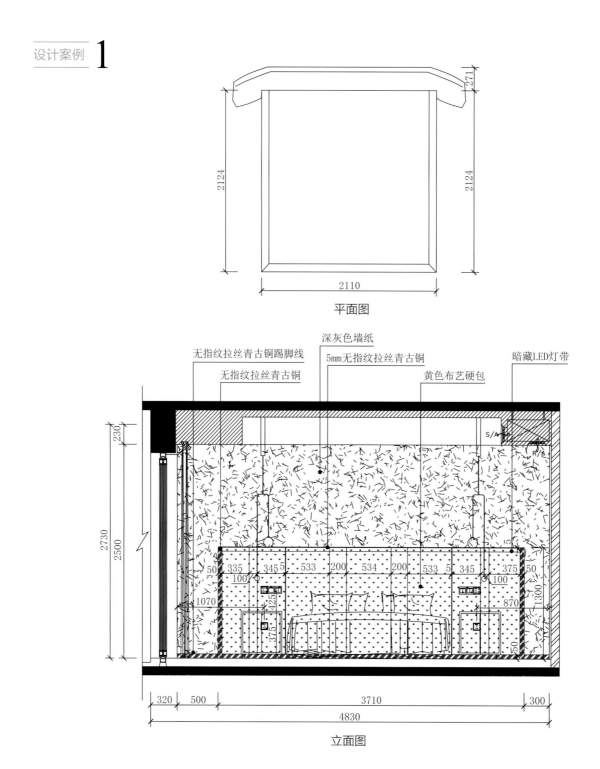

平面图

立面图

实景方案图

设计案例 **2**

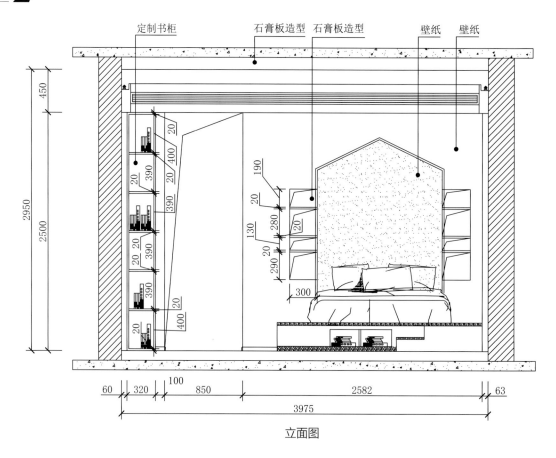

定制书柜　　　　石膏板造型　石膏板造型　　　壁纸　壁纸

立面图

实景方案图

第五章

书房
定制家具

书房是人们进行工作和阅读的场所，因此书柜和书桌是必不可少的家具。其中定制书柜的形态可以进行多样化选择，如柜式和架式均可。书桌在定制中常见一体式设计，可以集多种功能于一身。另外，有些家庭还会在书房中增加休憩功能，如定制榻榻米。

一、书柜
二、一体式书桌柜
三、榻榻米

一、书柜

书柜是生活中非常常用的一类家具，定制的书柜可以根据具体摆放的空间量身定制，包括内部结构、层板数量、柜门样式等，充分满足主人的使用需求。

设计案例 1

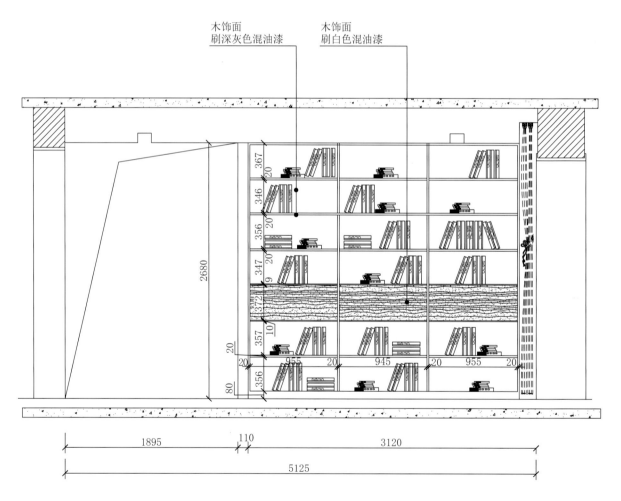

立面图

实景方案图

设计案例 2

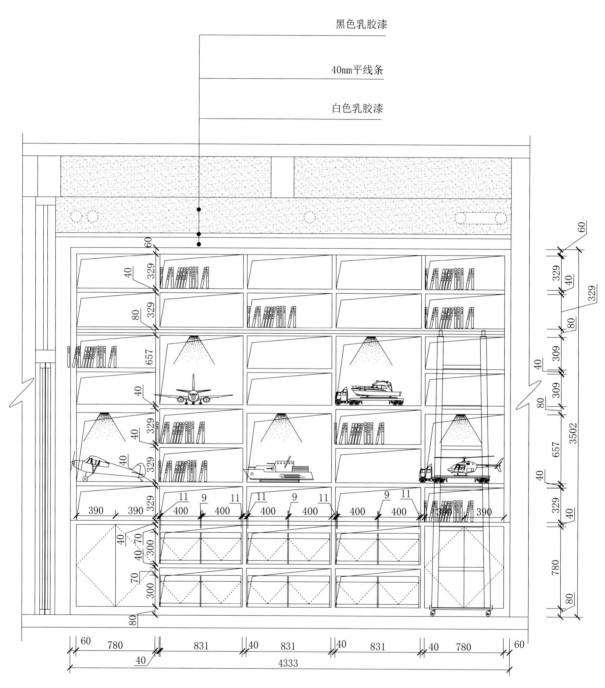

黑色乳胶漆

40mm平线条

白色乳胶漆

立面图

实景方案图

设计案例 3

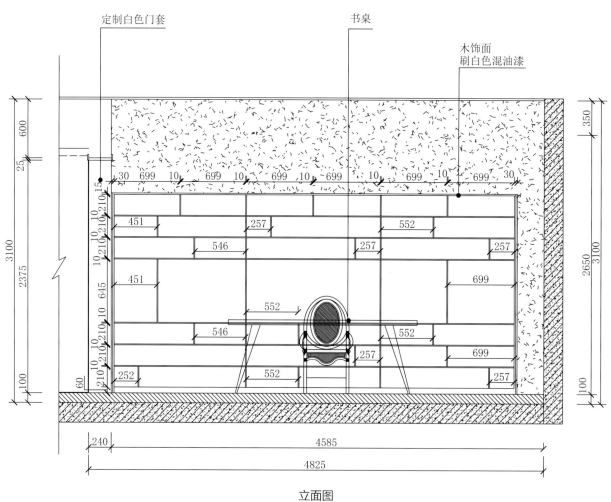

定制白色门套　　　　　书桌　　　　木饰面
刷白色混油漆

立面图

设计案例 **4**

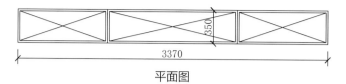

平面图

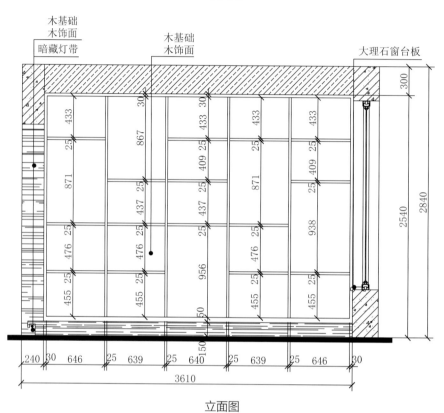

立面图

实景方案图

设计案例 5

木工板基层木纹饰面板喷涂清漆饰面

木工板基层木纹饰面板喷涂清漆饰面

木工板基层木纹饰面板喷涂清漆饰面

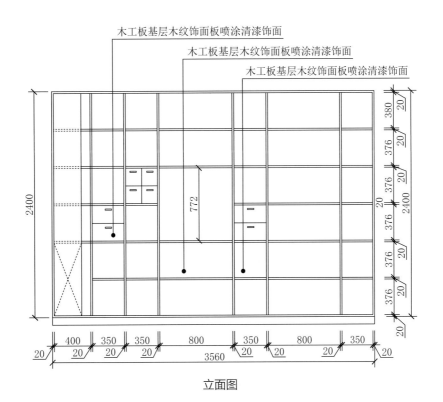

立面图

设计案例 6

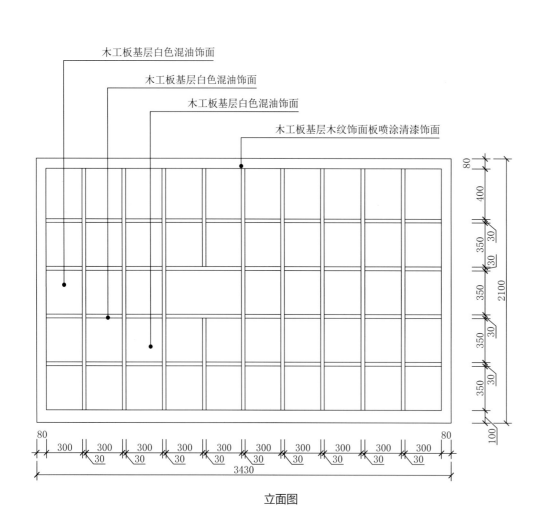

木工板基层白色混油饰面

木工板基层白色混油饰面

木工板基层白色混油饰面

木工板基层木纹饰面板喷涂清漆饰面

80

400

350 30

350 30

350

2100

350 30

350 30

100

80 300 300 300 300 300 300 300 300 300 80
30 30 30 30 30 30 30 30 30
3430

立面图

实景方案图

设计案例 **7**

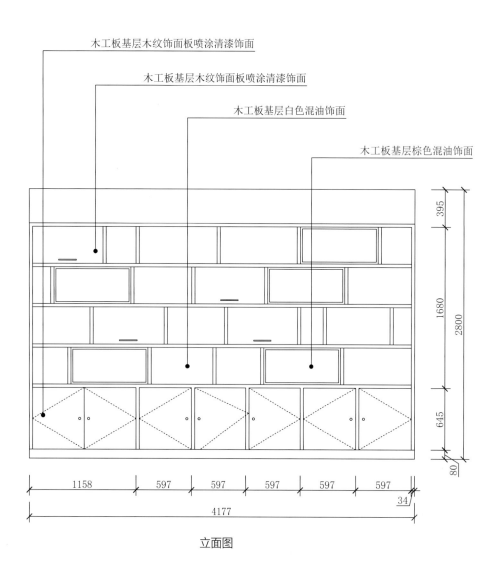

木工板基层木纹饰面板喷涂清漆饰面

木工板基层木纹饰面板喷涂清漆饰面

木工板基层白色混油饰面

木工板基层棕色混油饰面

立面图

实景方案图

设计案例 8

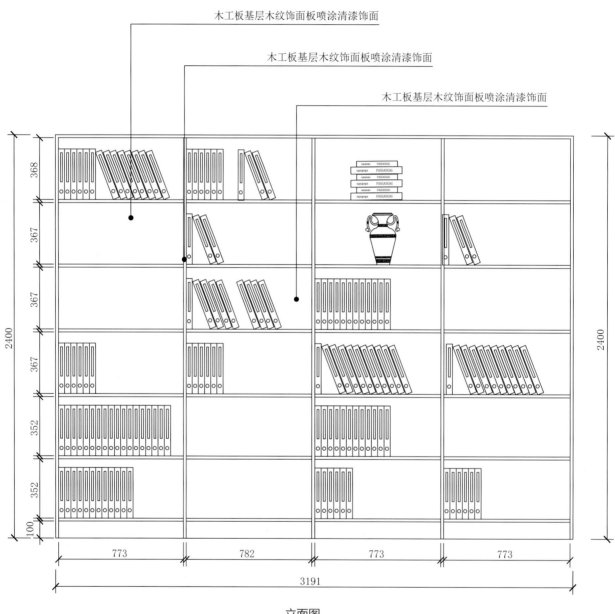

立面图

设计案例 9

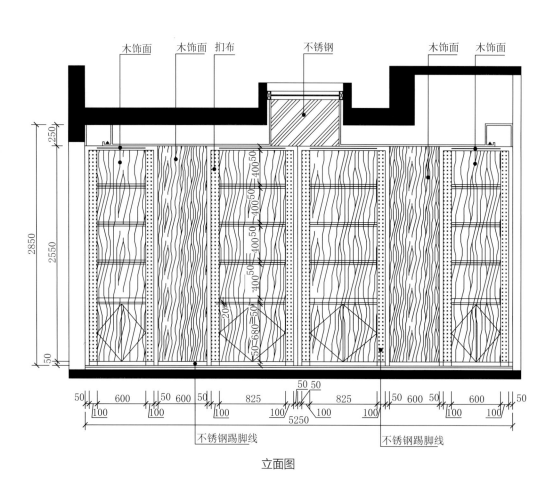

木饰面　　木饰面　扣布　　　　不锈钢　　　　　木饰面　木饰面

不锈钢踢脚线　　　　　不锈钢踢脚线

立面图

实景方案图

设计案例 10

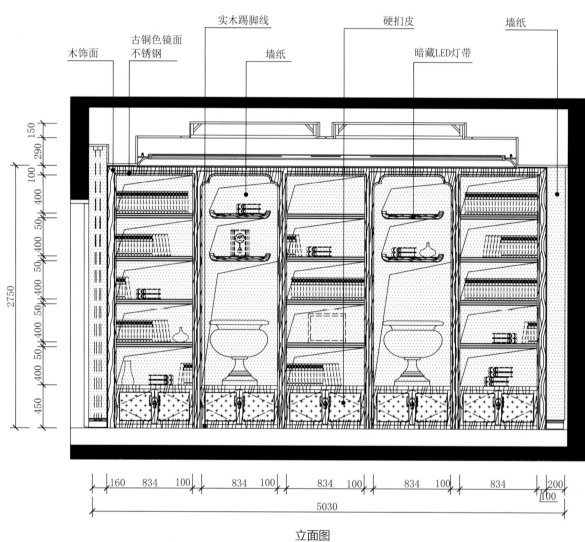

木饰面

古铜色镜面
不锈钢

实木踢脚线

墙纸

硬扪皮

暗藏LED灯带

墙纸

立面图

实景方案图

设计案例 **11**

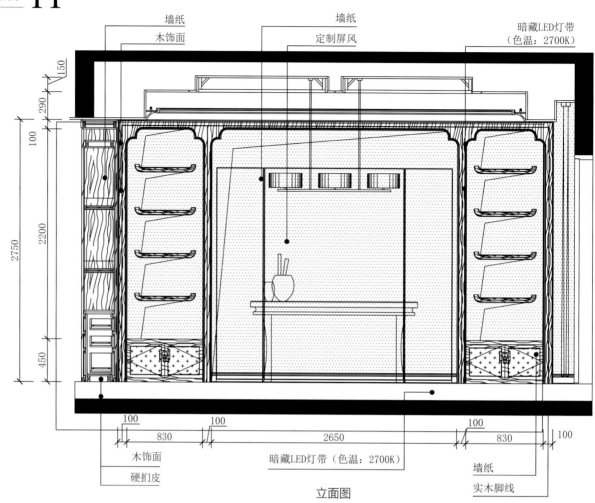

墙纸
木饰面
墙纸
定制屏风
暗藏LED灯带
（色温：2700K）

150
290
100
2200
2750
450

100
830
100
2650
100
830
100

木饰面
硬扣皮
暗藏LED灯带（色温：2700K）
墙纸
实木脚线

立面图

实景方案图

设计案例 **12**

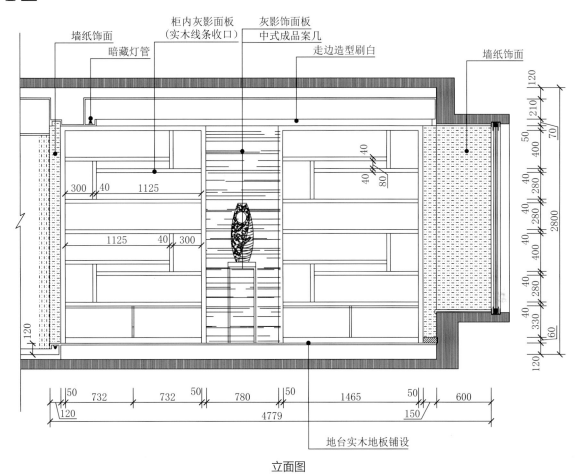

墙纸饰面
暗藏灯管
柜内灰影面板（实木线条收口）
灰影饰面板
中式成品案几
走边造型刷白
墙纸饰面

300 40 1125
1125 40 300
40 40
80

120
210
50 400
40 280
40 280
40 280
40 400
40 280
330
60
120
2800
120
210
70

50 732 732 50 780 50 1465 50 600
120 4779 150

地台实木地板铺设

立面图

实景方案图

设计案例 13

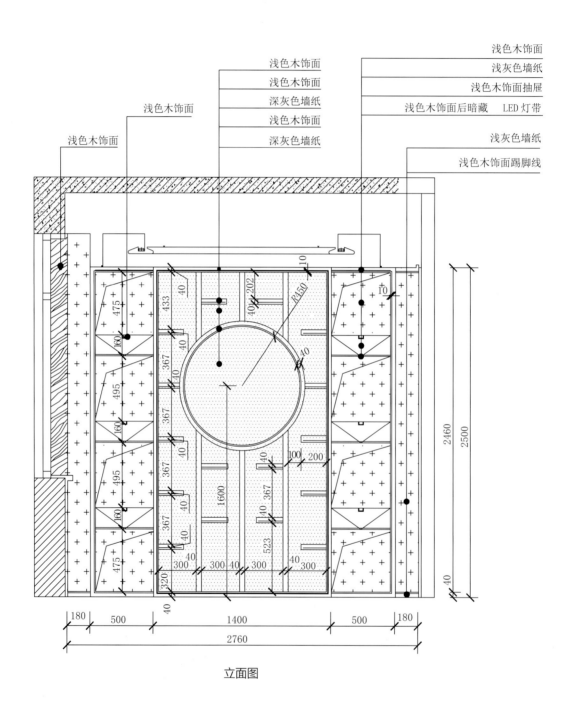

浅色木饰面

浅色木饰面
浅色木饰面
深灰色墙纸
浅色木饰面
深灰色墙纸

浅色木饰面

浅色木饰面
浅灰色墙纸
浅色木饰面抽屉
浅色木饰面后暗藏　LED 灯带

浅灰色墙纸
浅色木饰面踢脚线

立面图

设计案例 **14**

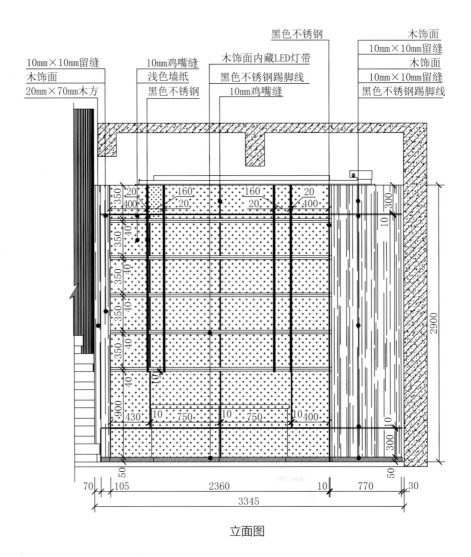

10mm×10mm留缝
木饰面
20mm×70mm木方

10mm鸡嘴缝
浅色墙纸
黑色不锈钢

黑色不锈钢
木饰面内藏LED灯带
黑色不锈钢踢脚线
10mm鸡嘴缝

木饰面
10mm×10mm留缝
木饰面
10mm×10mm留缝
黑色不锈钢踢脚线

立面图

实景方案图

设计案例 **15**

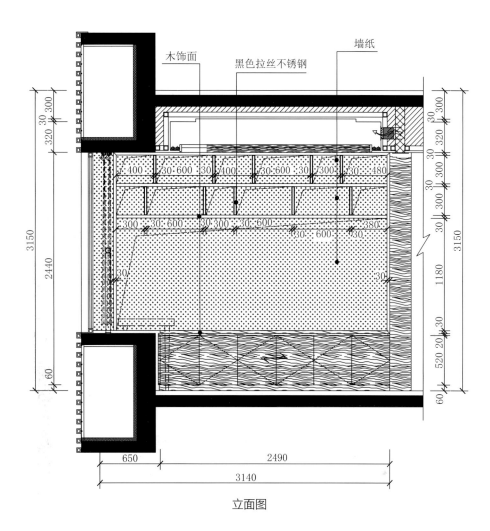

木饰面　　黑色拉丝不锈钢　　墙纸

立面图

实景方案图

设计案例 16

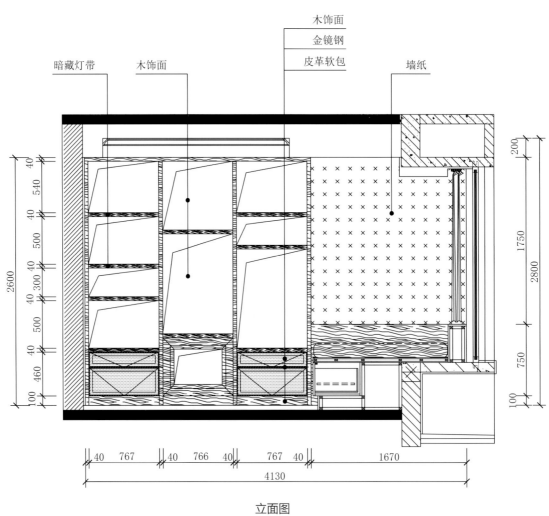

立面图

实景方案图

设计案例 17

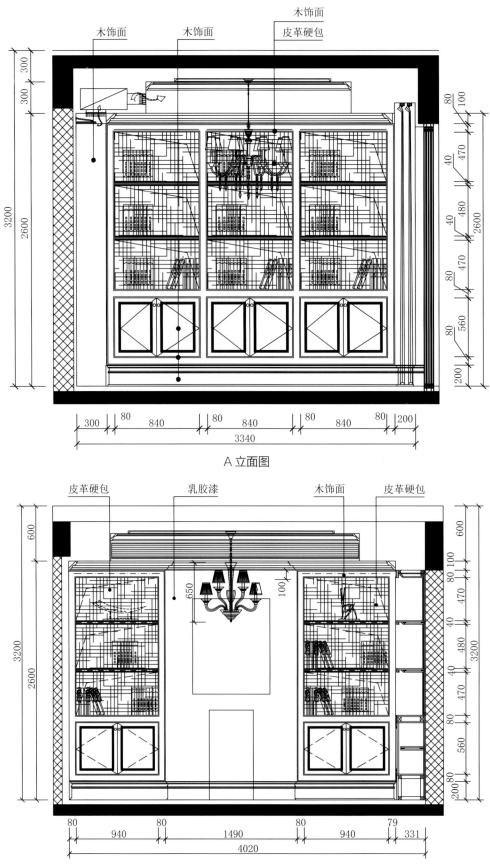

A 立面图

B 立面图

实景方案图

设计案例 18

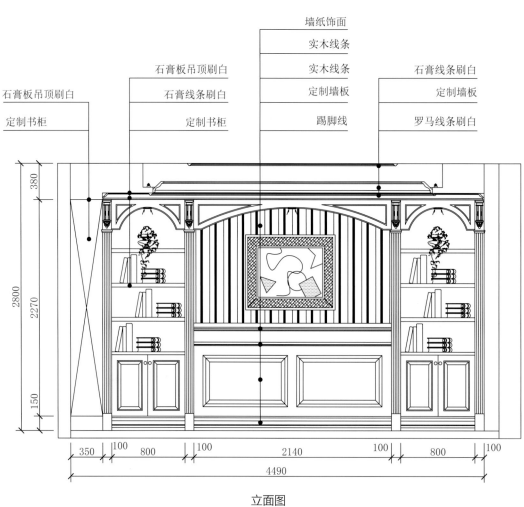

墙纸饰面

实木线条

石膏板吊顶刷白   实木线条   石膏线条刷白

石膏线条刷白   定制墙板   定制墙板

石膏板吊顶刷白

定制书柜   定制书柜   踢脚线   罗马线条刷白

立面图

实景方案图

二、一体式书桌柜

一体式书桌柜是将书柜与书桌结合设计的一类定制家具，它具有可以充分利用空间且装饰效果整体的特点。在定制设计中，一体式书桌柜的定制除了需考虑尺寸、使用需求等问题外，还需考虑造型和色彩等方面风格特征的表现。

设计案例 1

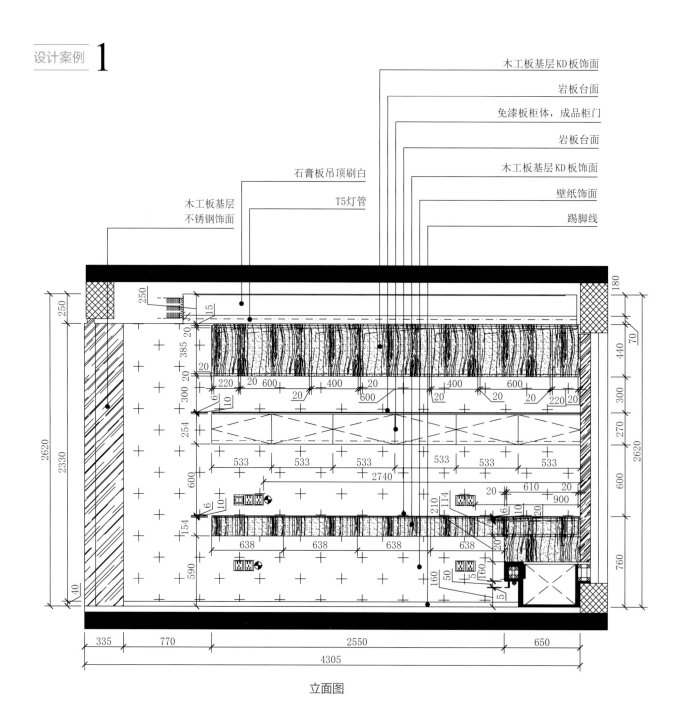

立面图

实景方案图

设计案例 2

实景方案图

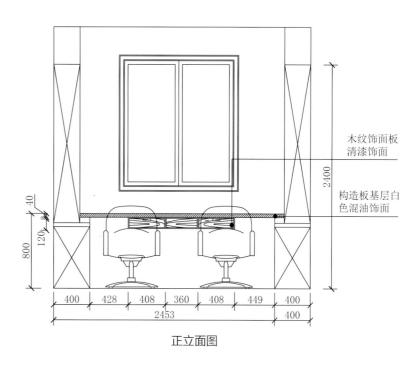

木纹饰面板
清漆饰面

构造板基层白
色混油饰面

正立面图

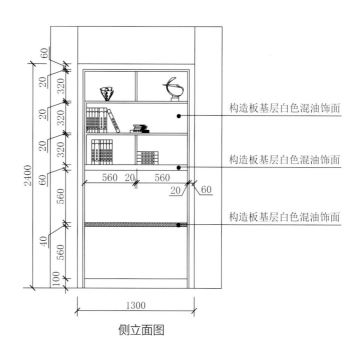

构造板基层白色混油饰面

构造板基层白色混油饰面

构造板基层白色混油饰面

侧立面图

设计案例 3

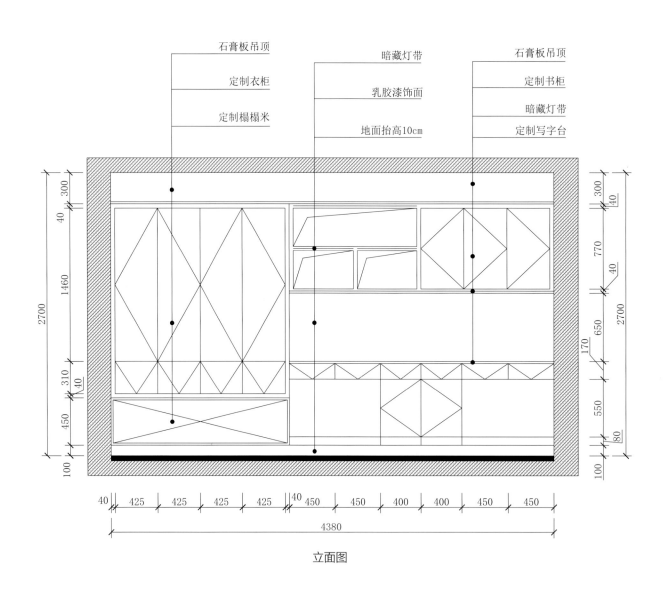

石膏板吊顶

定制衣柜

定制榻榻米

暗藏灯带

乳胶漆饰面

地面抬高10cm

石膏板吊顶

定制书柜

暗藏灯带

定制写字台

立面图

设计案例 4

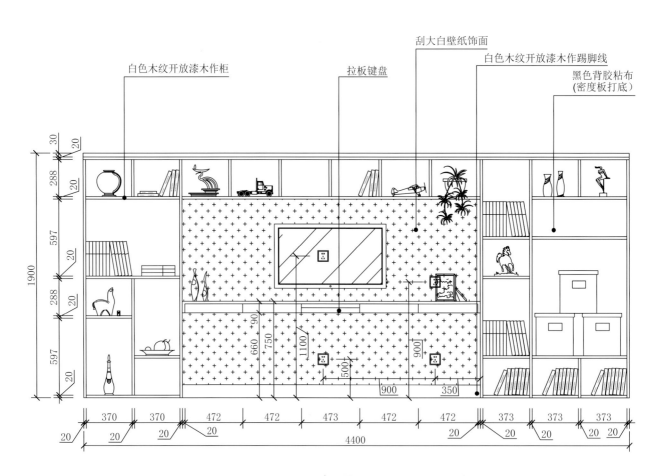

立面图

设计案例 5

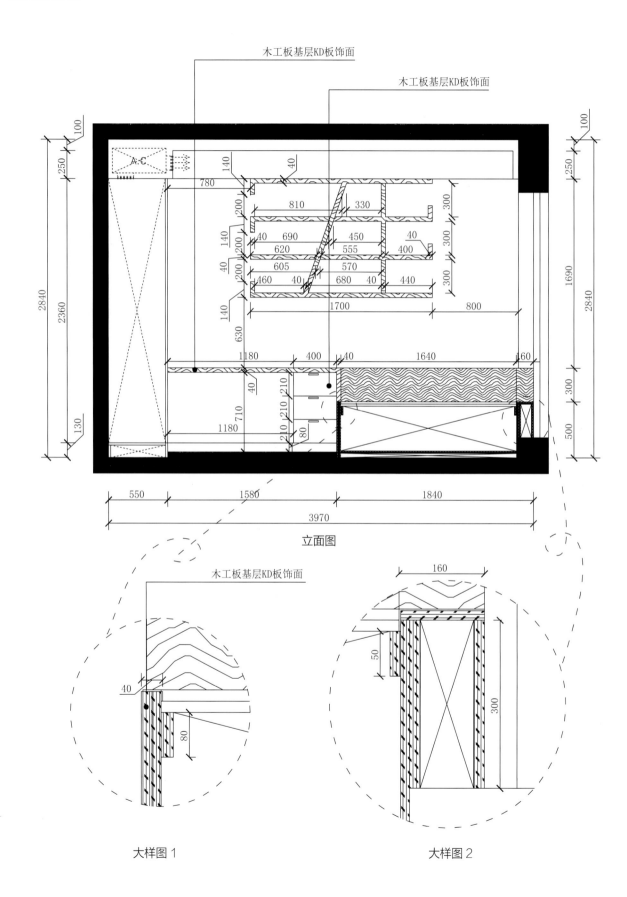

木工板基层KD板饰面

木工板基层KD板饰面

立面图

木工板基层KD板饰面

大样图 1

大样图 2

设计案例 6

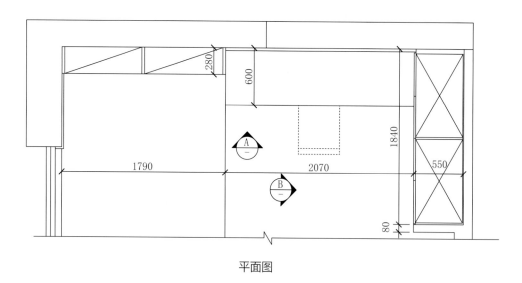

平面图

木工板基层
3mm实木线条
白色亚光漆

木工板基层
饰面套色

墙纸饰面

木工板基层
KD 饰面板
（拉槽3mm缝）

墙纸饰面

木工板基层
KD饰面板

外定成品8mm踢脚线

木工板基层
软木板饰面

木工板基层
5mm实木线条
白色亚光漆

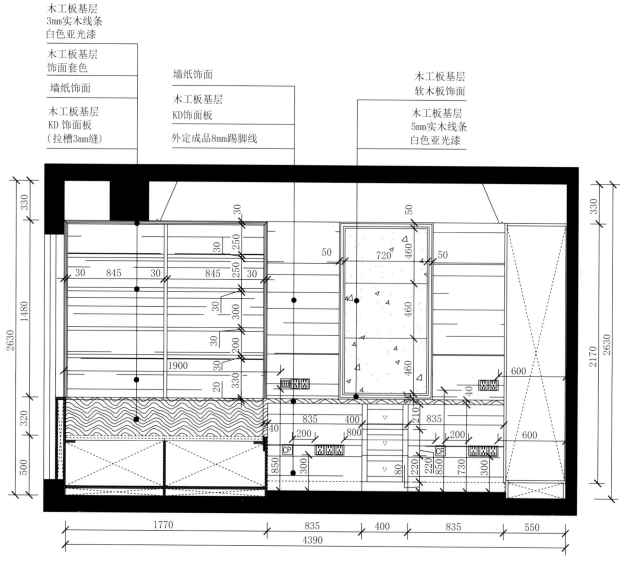

立面图

实景方案图

设计案例 **7**

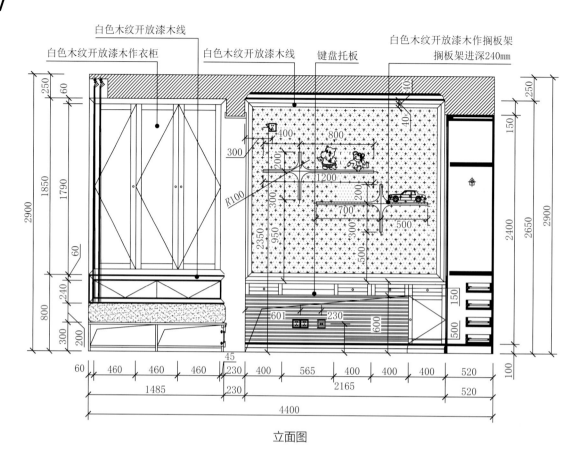

白色木纹开放漆木作衣柜
白色木纹开放漆木线
白色木纹开放漆木线
键盘托板
白色木纹开放漆木作搁板架
搁板架进深240mm

立面图

实景方案图

设计案例 **8**

木工板基层饰面套色　乳胶漆

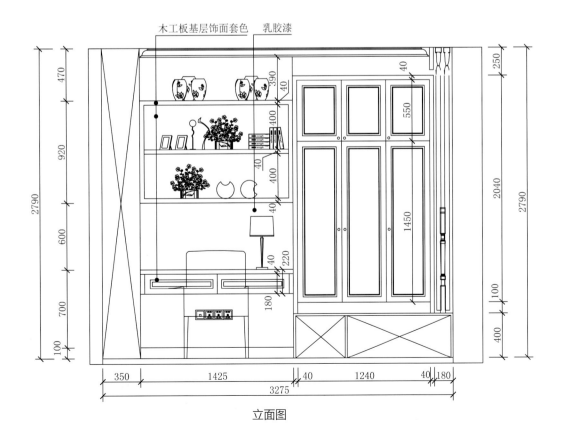

立面图

设计案例 **9**

石膏线条　　定制书桌　　灰色凹凸造型墙板

石材台面

黑钛不锈钢

立面图

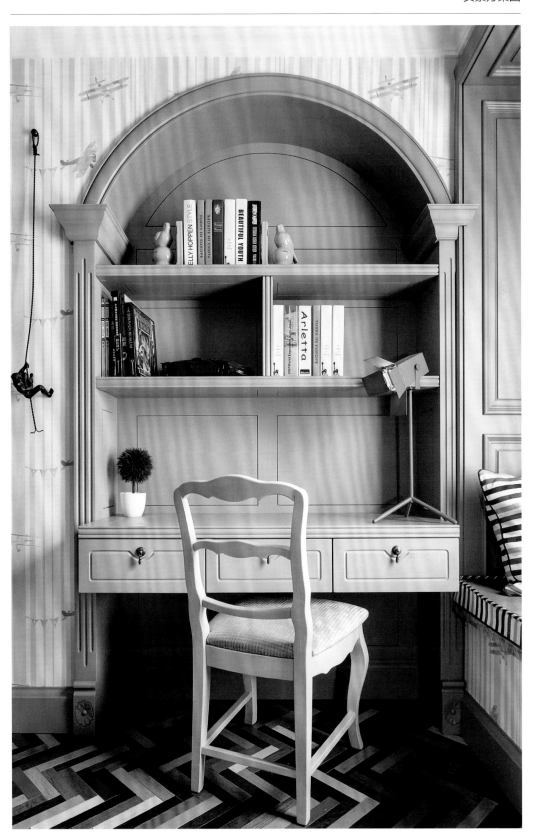

三、榻榻米

"榻榻米"源于日本，是日式家居的一种经典构件。因为在满足坐卧、休闲等需求的同时还能将下方空间利用起来做收纳，所以被越来越多国家的人所喜爱，并运用到各种家居风格的定制设计中。

设计案例 **1**

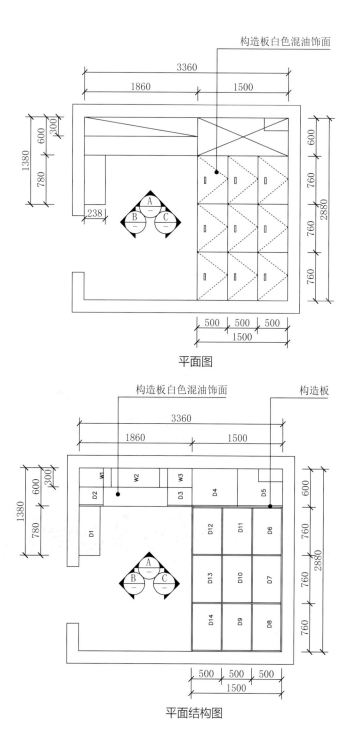

平面图

平面结构图

实景方案图

设计案例 2

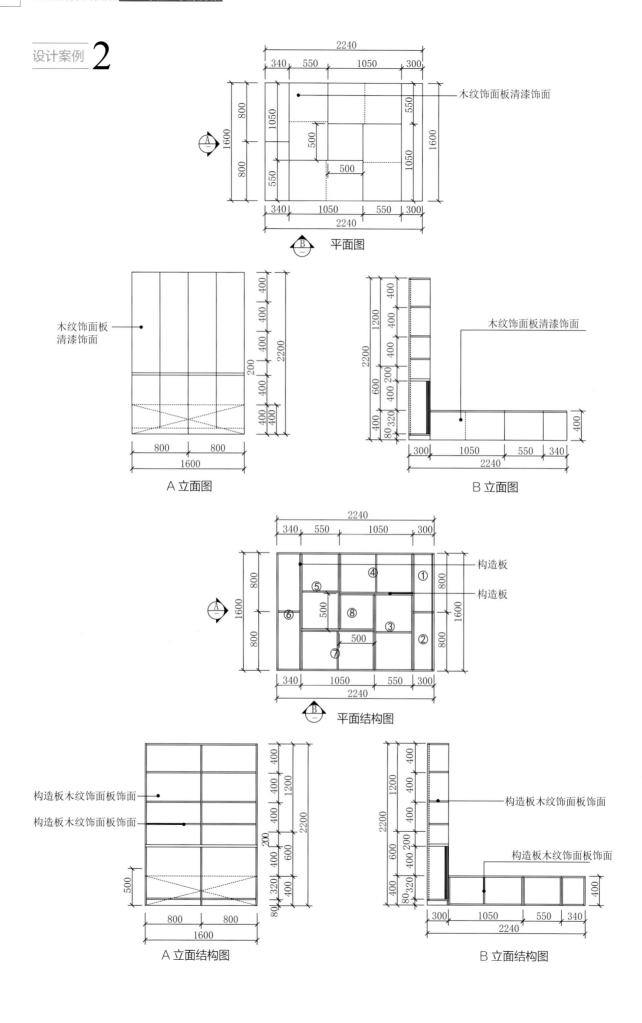

木纹饰面板清漆饰面

平面图

木纹饰面板
清漆饰面

A 立面图

木纹饰面板清漆饰面

B 立面图

构造板

构造板

平面结构图

构造板木纹饰面板饰面

构造板木纹饰面板饰面

A 立面结构图

构造板木纹饰面板饰面

构造板木纹饰面板饰面

B 立面结构图

实景方案图

设计案例 3

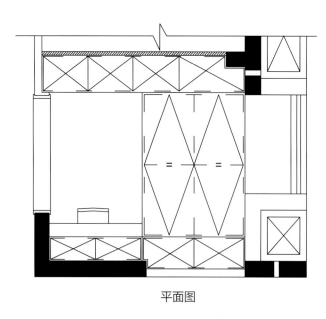

平面图

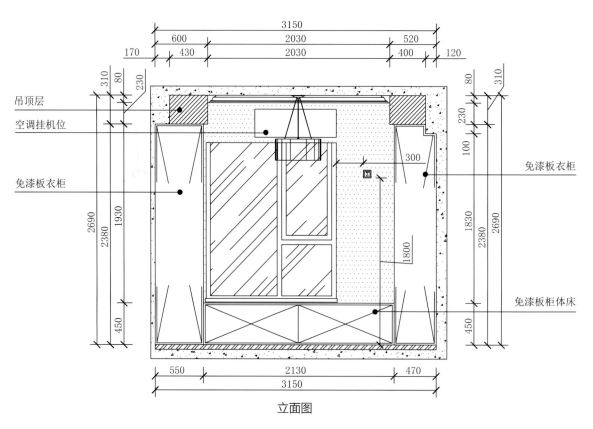

立面图

设计案例 4

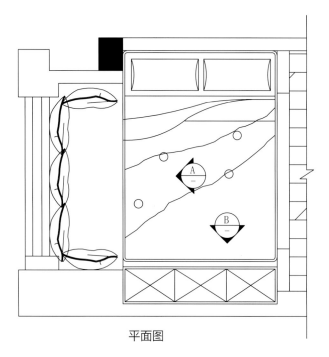

平面图

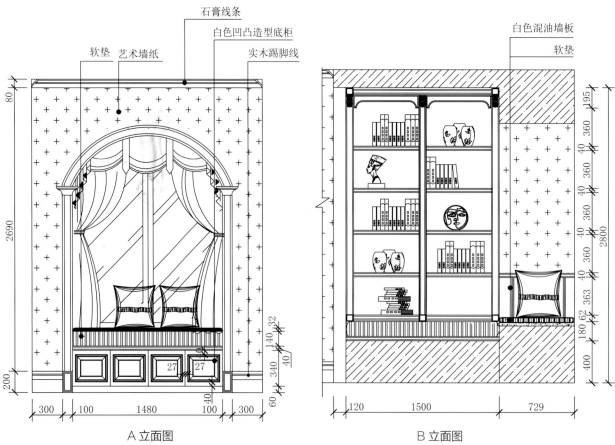

石膏线条

白色凹凸造型底柜

软垫　艺术墙纸　实木踢脚线

白色混油墙板

软垫

A 立面图

B 立面图

实景方案图

设计案例 5

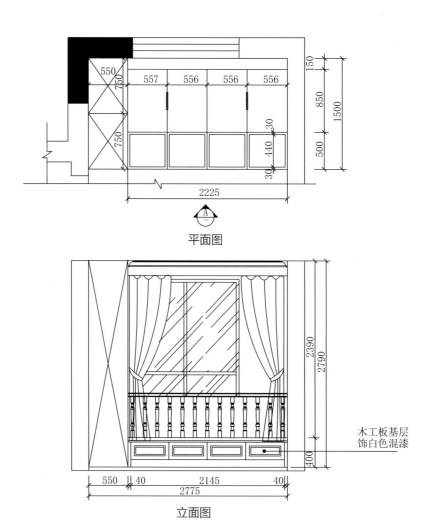

平面图

立面图

木工板基层
饰白色混漆

实景方案图

第六章

衣帽间
定制家具

衣帽间是指在住宅当中，供家庭成员存储、收放、更衣和梳妆的专用空间。通常而言，合理的储衣安排和宽敞的更衣空间，是衣帽间的总体定制原则。在衣帽间的定制设计中，除了规划好衣帽间的储物区域之外，还可以通过对细节的关注来提升整体空间的格调。

设计案例 **1**

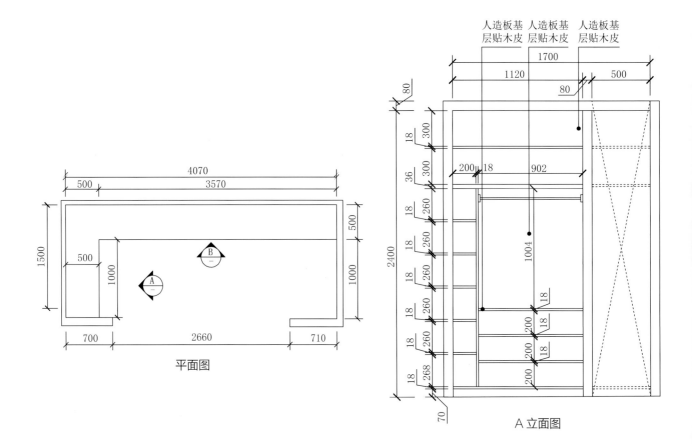

A 立面图

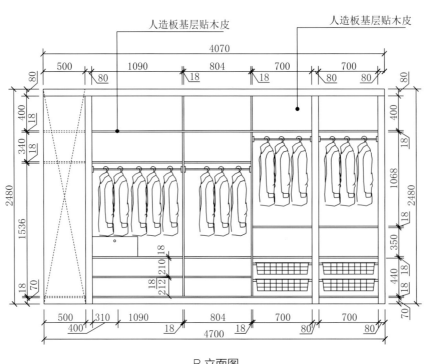

B 立面图

实景方案图

设计案例 **2**

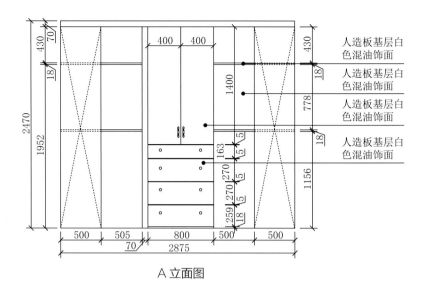

人造板基层白
色混油饰面

人造板基层白
色混油饰面

人造板基层白
色混油饰面

人造板基层白
色混油饰面

A 立面图

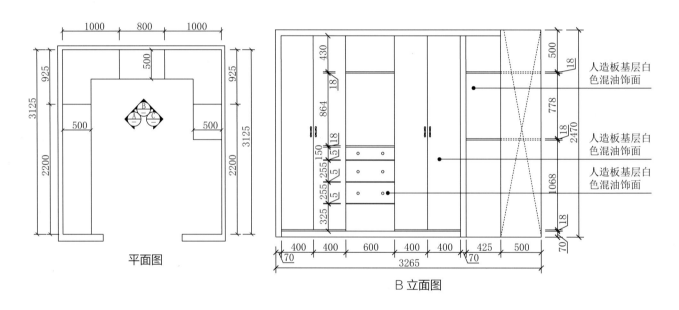

平面图

人造板基层白
色混油饰面

人造板基层白
色混油饰面

人造板基层白
色混油饰面

B 立面图

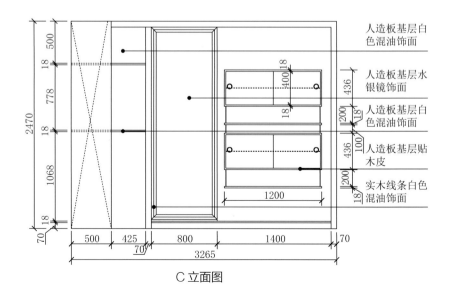

人造板基层白
色混油饰面

人造板基层水
银镜饰面

人造板基层白
色混油饰面

人造板基层贴
木皮

实木线条白色
混油饰面

C 立面图

实景方案图

设计案例 **3**

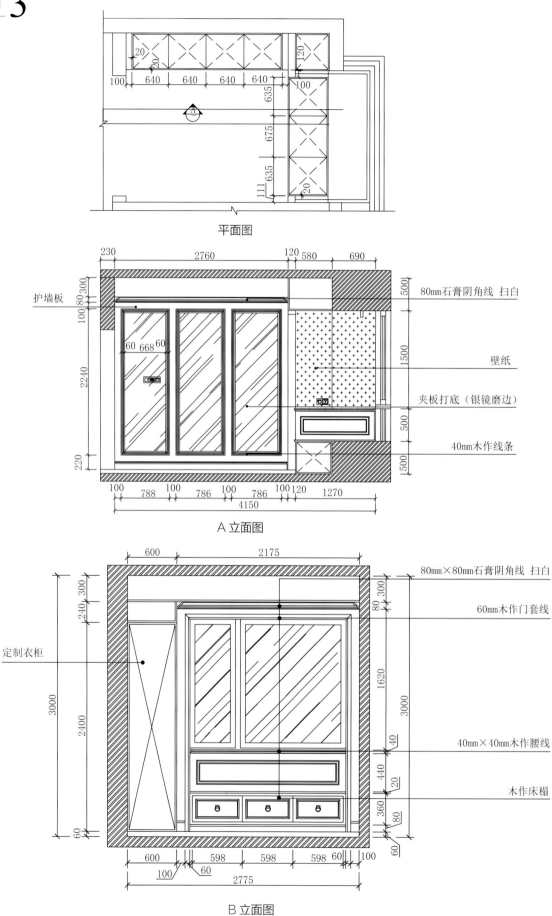

平面图

护墙板

80mm石膏阴角线 扫白

壁纸

夹板打底（银镜磨边）

40mm木作线条

A 立面图

80mm×80mm石膏阴角线 扫白

60mm木作门套线

定制衣柜

40mm×40mm木作腰线

木作床榻

B 立面图

实景方案图

设计案例 4

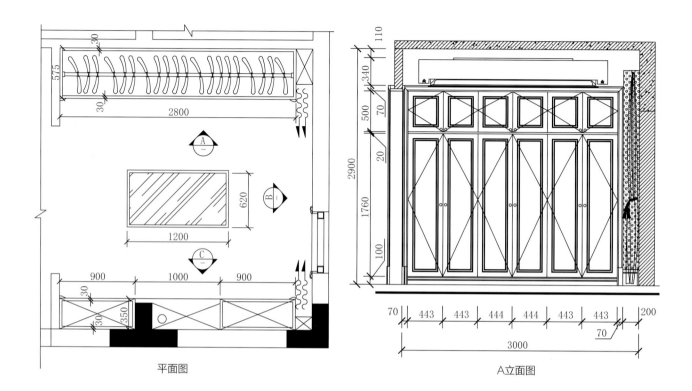

平面图

A立面图

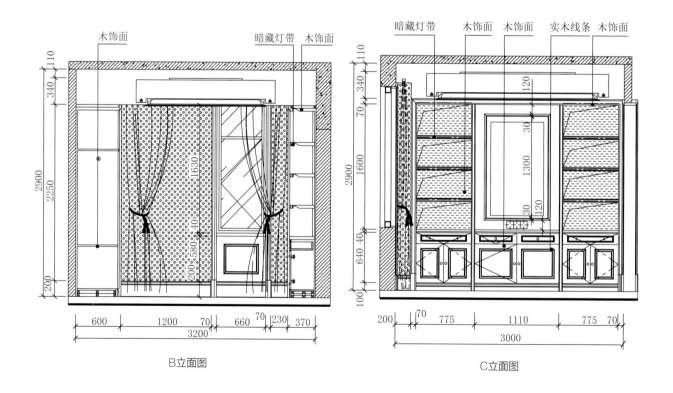

B立面图

C立面图

设计案例 5

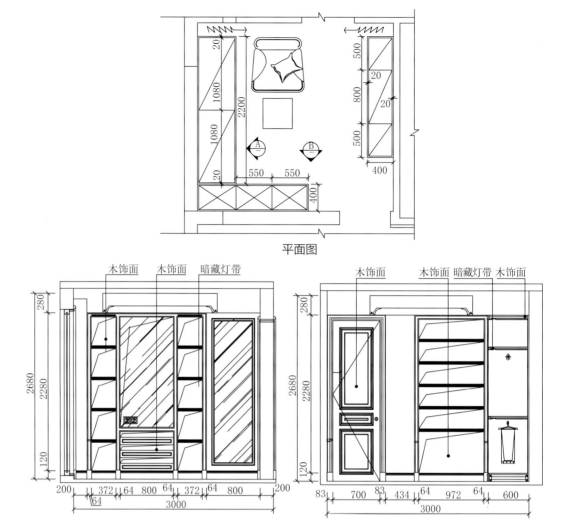

平面图

木饰面　木饰面　暗藏灯带

A立面图

木饰面　木饰面 暗藏灯带 木饰面

B立面图

实景方案图

第七章

厨房

定制家具

厨房空间中定制的家具主要是整体橱柜，整体橱柜是由橱柜、电器、燃气具、厨房功能用具组成的橱柜组合，相比一般橱柜，整体橱柜的个性化程度可以更高，可以根据不同需求实现厨房工作每一道操作程序的协调，并营造出良好的家庭氛围。

设计案例 1

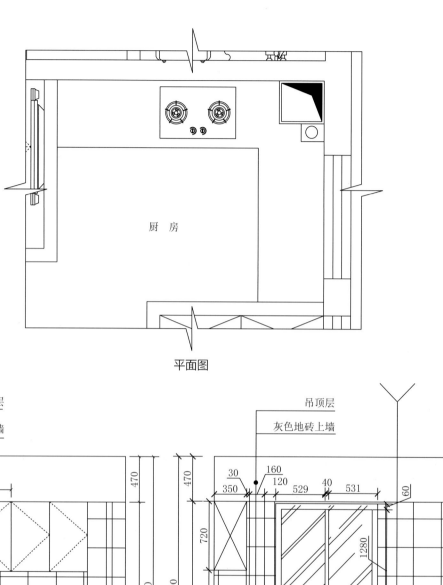

平面图

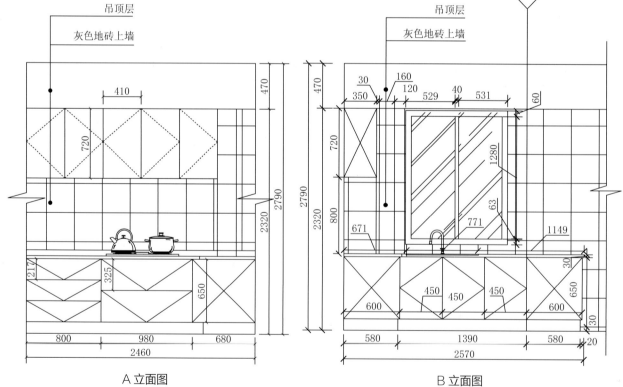

A 立面图

B 立面图

实景方案图

设计案例 2

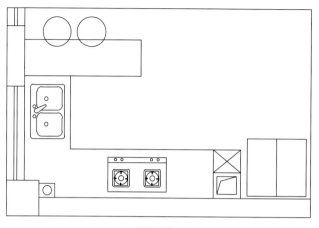

平面图

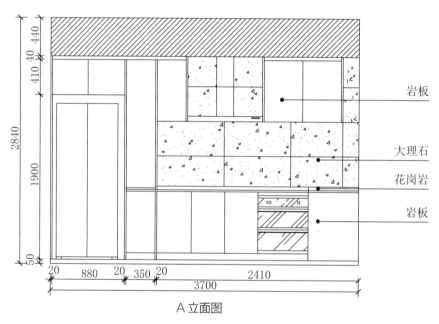

岩板

大理石

花岗岩

岩板

A 立面图

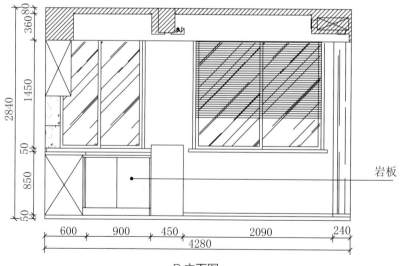

岩板

B 立面图

设计案例 **3**

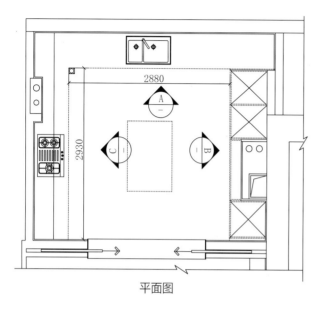

平面图

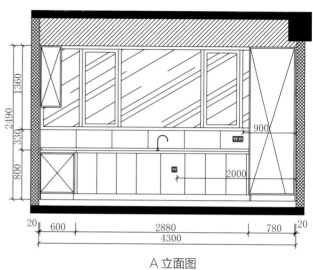

A 立面图

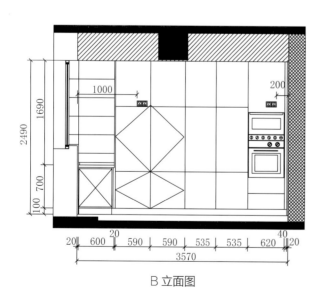

B 立面图

烤漆板　　　大理石

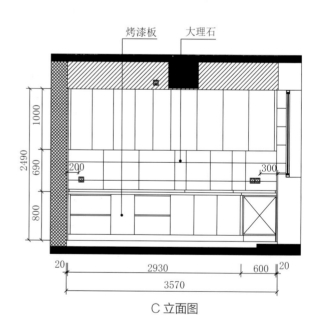

C 立面图

实景方案图

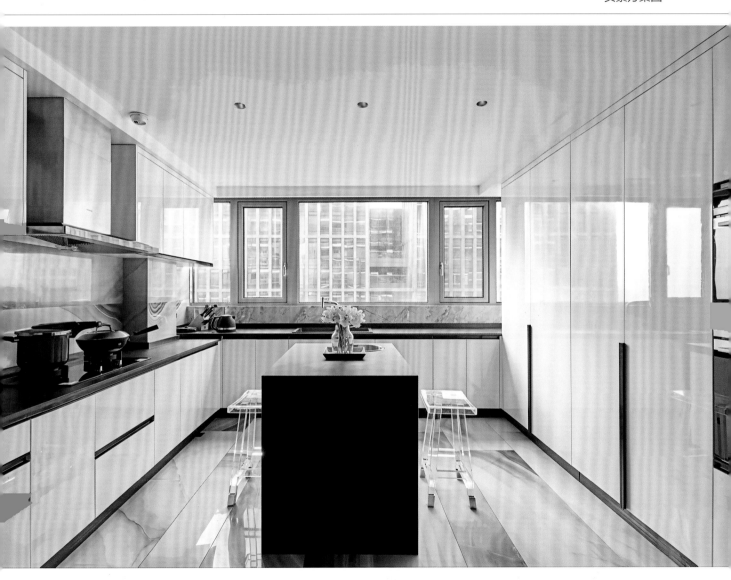

设计案例 4

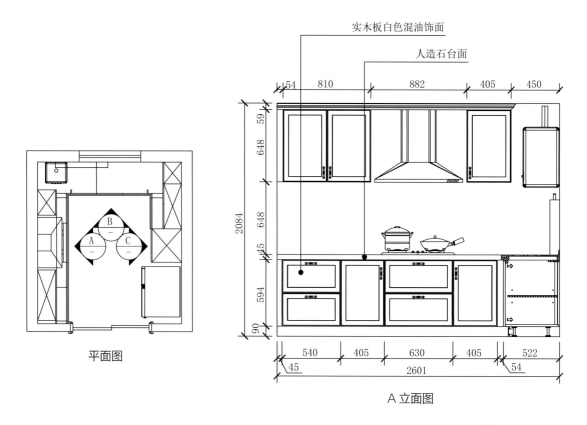

平面图

实木板白色混油饰面

人造石台面

A 立面图

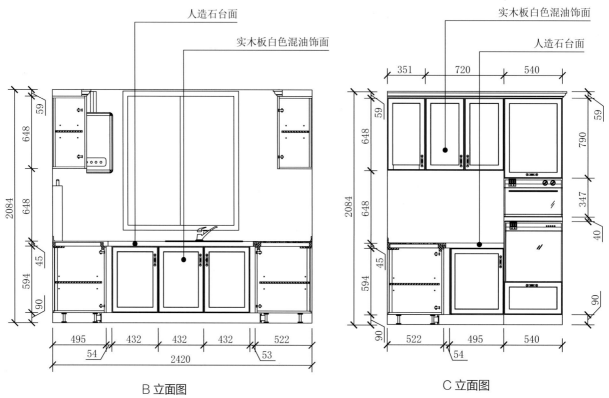

人造石台面

实木板白色混油饰面

B 立面图

实木板白色混油饰面

人造石台面

C 立面图

实景方案图

设计案例 5

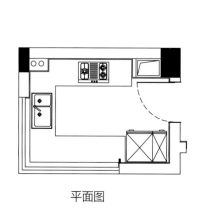

平面图

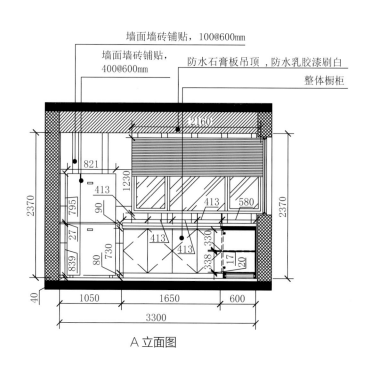

墙面墙砖铺贴，100@600mm
墙面墙砖铺贴，400@600mm
防水石膏板吊顶，防水乳胶漆刷白
整体橱柜

A 立面图

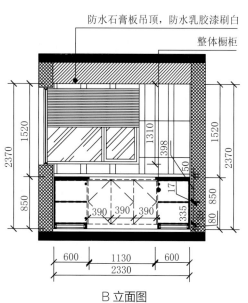

防水石膏板吊顶，防水乳胶漆刷白
整体橱柜

B 立面图

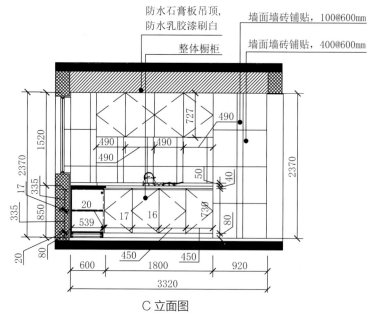

防水石膏板吊顶，防水乳胶漆刷白
整体橱柜
墙面墙砖铺贴，100@600mm
墙面墙砖铺贴，400@600mm

C 立面图

设计案例 **6**

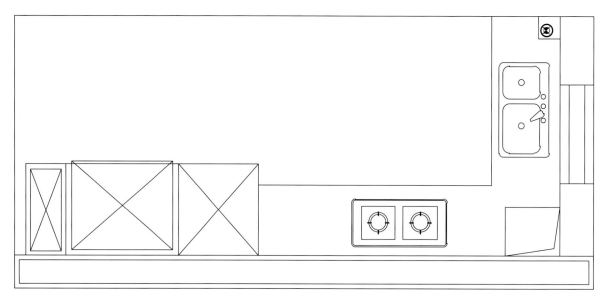

平面图

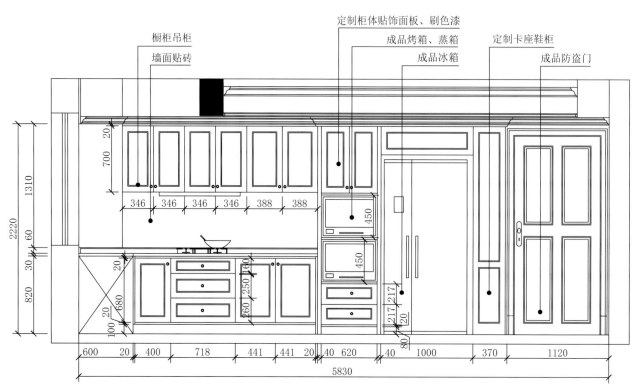

定制柜体贴饰面板、刷色漆

成品烤箱、蒸箱

成品冰箱

定制卡座鞋柜

成品防盗门

橱柜吊柜

墙面贴砖

立面图

实景方案图

设计案例 7

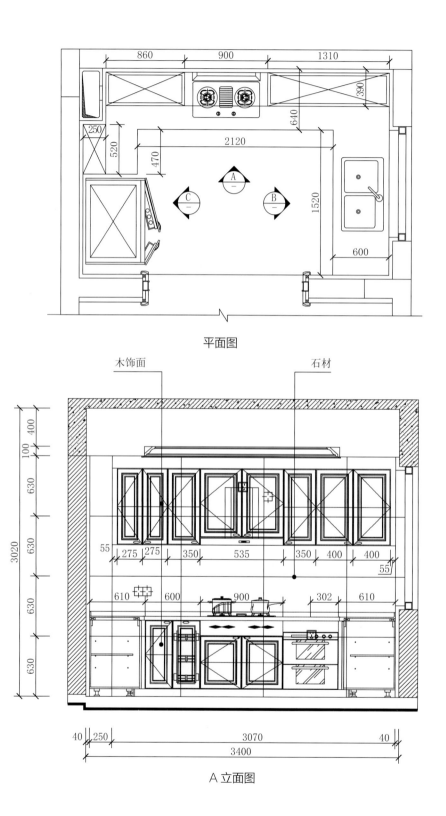

平面图

木饰面   石材

A立面图

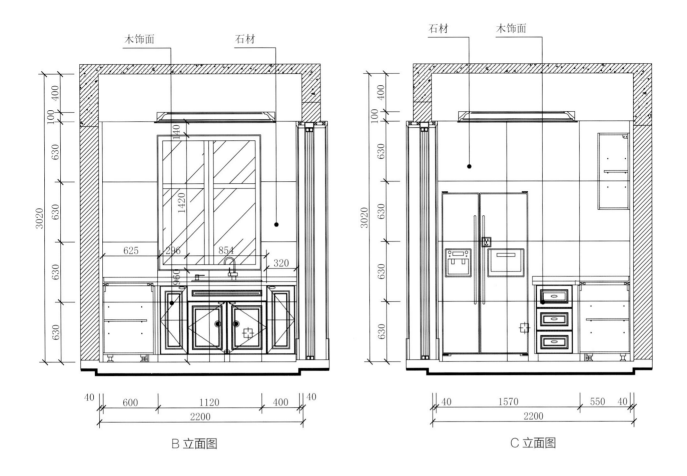

木饰面　石材　　　石材　木饰面

B 立面图　　　　　　　C 立面图

实景方案图

设计案例 8

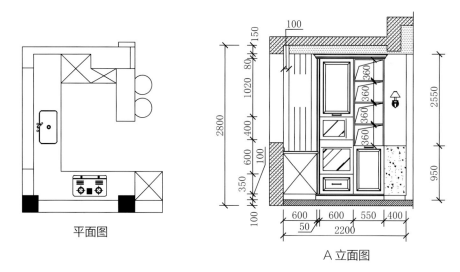

平面图

A 立面图

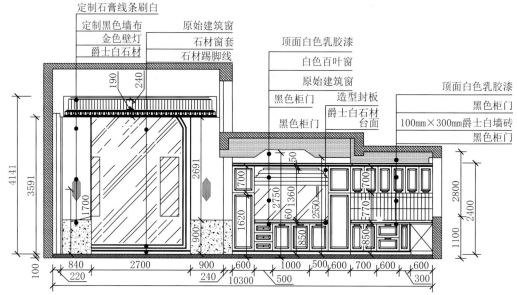

定制石膏线条刷白
定制黑色墙布　　　原始建筑窗
金色壁灯　　　　　石材窗套
爵士白石材　　　　石材踢脚线

顶面白色乳胶漆
白色百叶窗
原始建筑窗
黑色柜门　　造型封板
　　　　　　爵士白石材
黑色柜门　　台面

顶面白色乳胶漆
黑色柜门
100mm×300mm爵士白墙砖
黑色柜门

B 立面图

实景方案图

第八章

卫生间
定制家具

卫生间中最常见的定制家具为卫浴柜，因其是卫浴间内的收纳主体，尤其是面积小的卫浴间，卫浴柜的设计是否合理关系到使用的便捷性和收纳能力的强弱。与成品卫浴柜相比，定制卫浴柜更能满足个性化的使用需求，同时外观也更易于与其他部分的装饰形成统一感。

设计案例 **1**

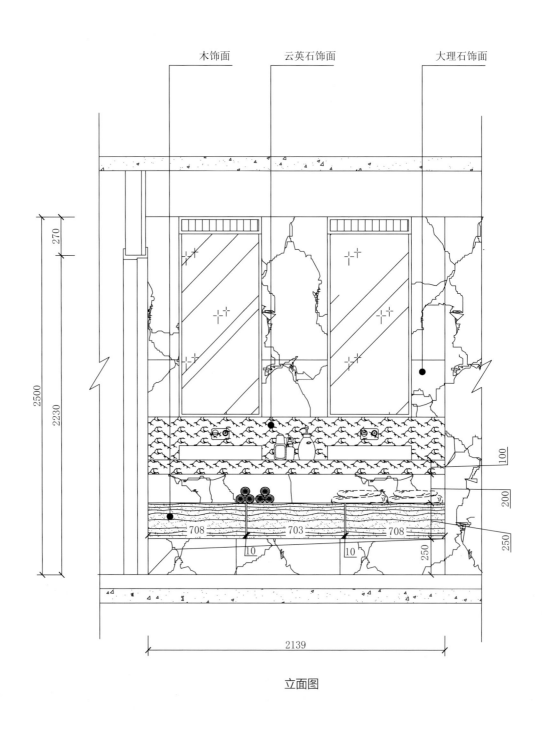

立面图

设计案例 **2**

实景方案图

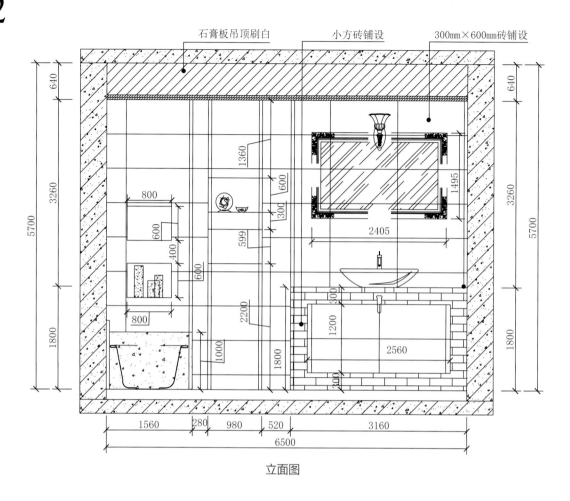

立面图

实景方案图

设计案例 3

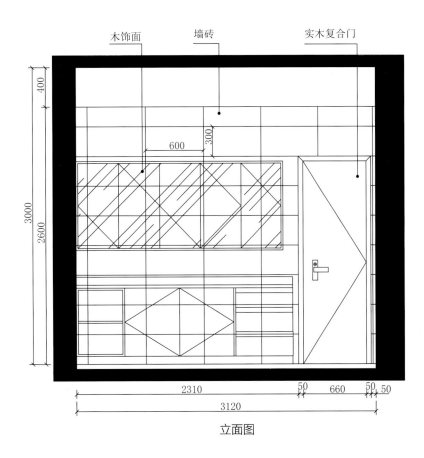

立面图

实景方案图

设计案例 4

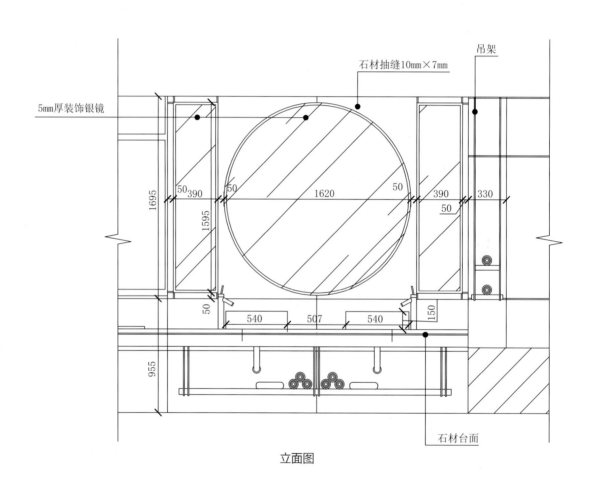

石材抽缝10mm×7mm

吊架

5mm厚装饰银镜

1695

50 390

50

1620

50

390

330

50

1595

50

540

507

540

150

955

石材台面

立面图

实景方案图

设计案例 5

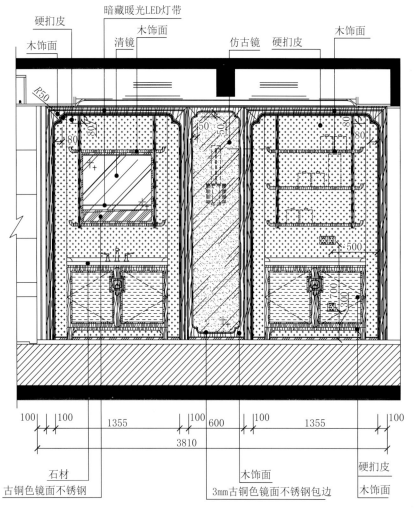

硬扣皮
木饰面
暗藏暖光LED灯带
木饰面
清镜
仿古镜
硬扣皮
木饰面
木饰面

R50

100 100 1355 100 600 100 1355 100
3810

石材
木饰面
硬扣皮
古铜色镜面不锈钢
3mm古铜色镜面不锈钢包边
木饰面

立面图

实景方案图

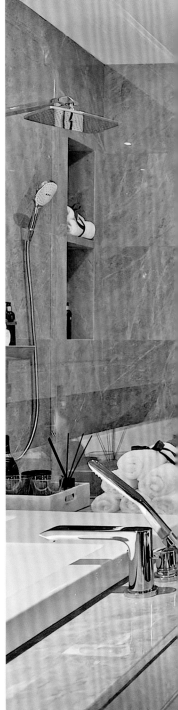

设计案例 6

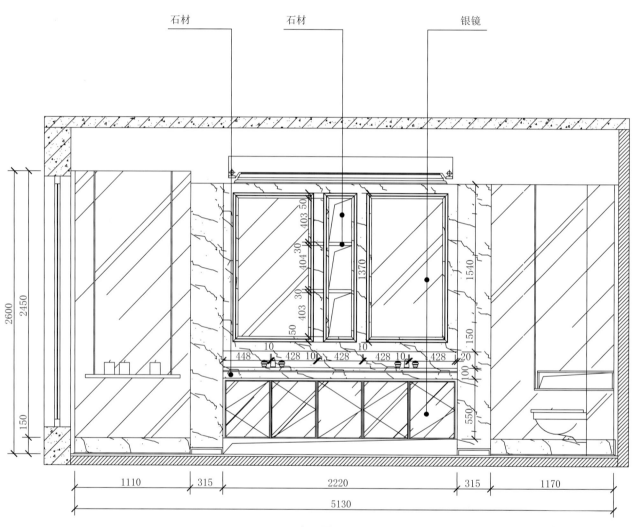

立面图

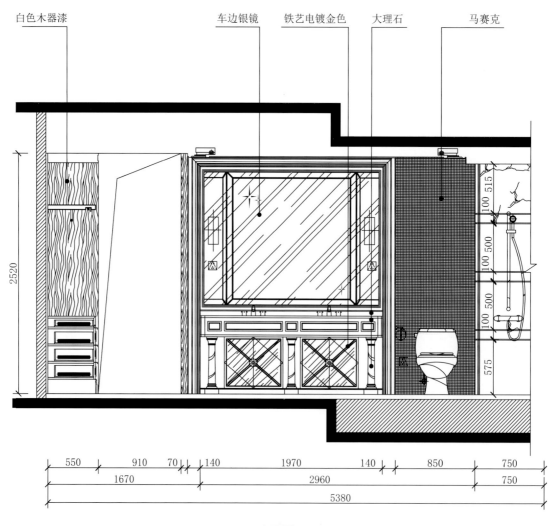

白色木器漆　　车边银镜　铁艺电镀金色　大理石　　马赛克

立面图

设计案例 **8**

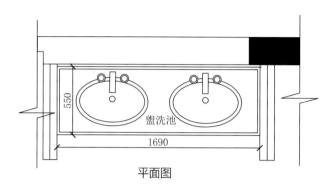

平面图

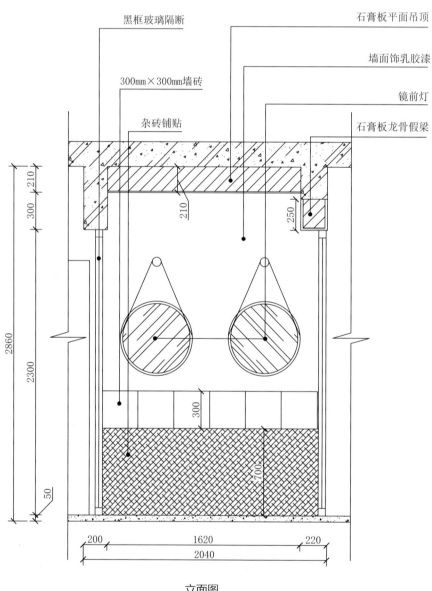

黑框玻璃隔断

石膏板平面吊顶

墙面饰乳胶漆

300mm×300mm墙砖

镜前灯

杂砖铺贴

石膏板龙骨假梁

盥洗池

1690

550

2860

2300

50

300 210

210

250

300

700

200 1620 220

2040

立面图

设计案例 9

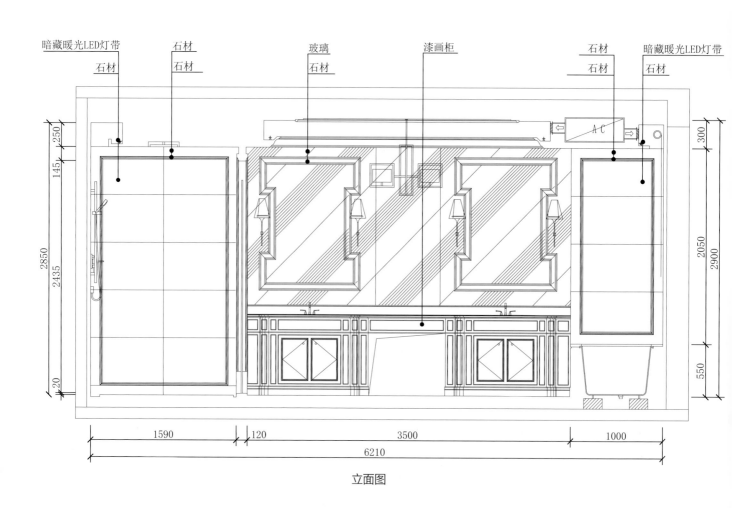

立面图

设计案例 10

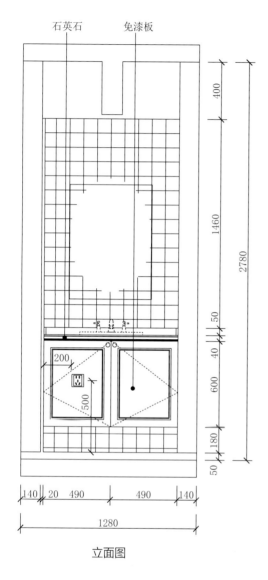

石英石　免漆板

立面图

实景方案图

第九章

楼梯

定制家具

　　楼梯是楼层间行走、交通的垂直构件，供人们上下楼层和紧急疏散之用。定制楼梯应坚固耐久，安全，防火，并要有足够的通行宽度和疏散能力。在住宅设计中，定制楼梯在保证安全的情况下，应尽量选择带有扶手的款式。

设计案例 1

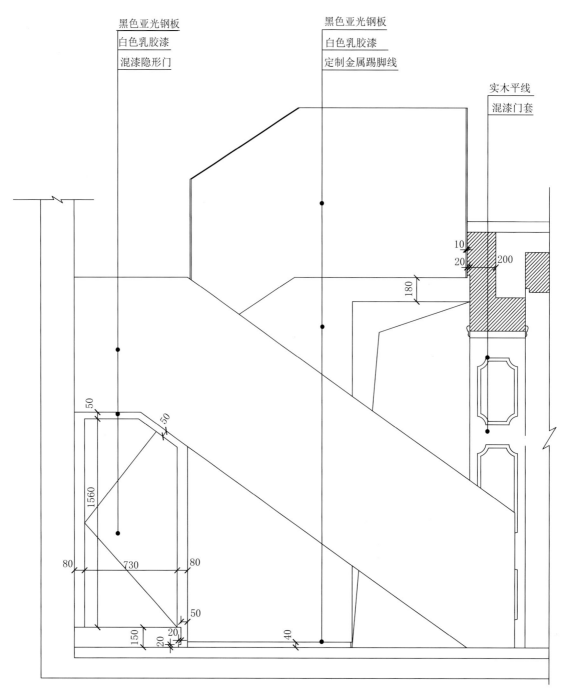

黑色亚光钢板
白色乳胶漆
混漆隐形门

黑色亚光钢板
白色乳胶漆
定制金属踢脚线

实木平线
混漆门套

立面图

实景方案图

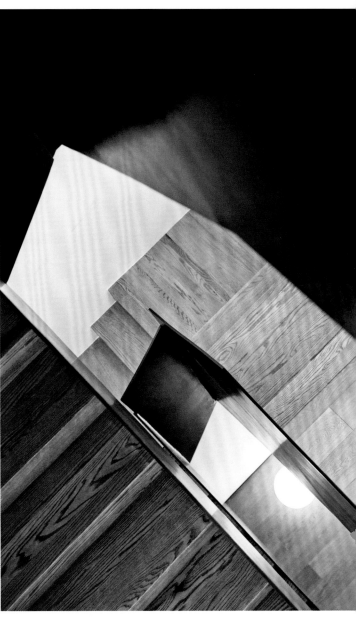

设计案例 2

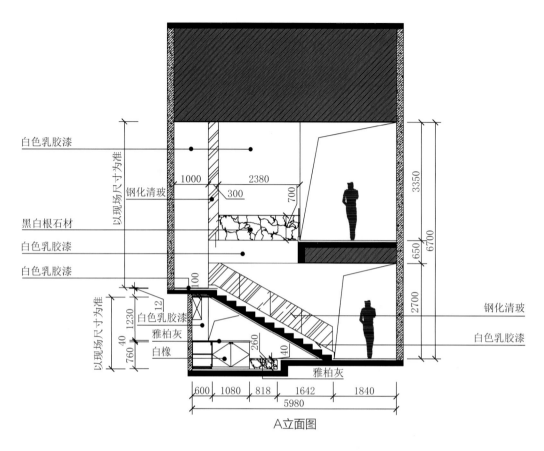

A立面图

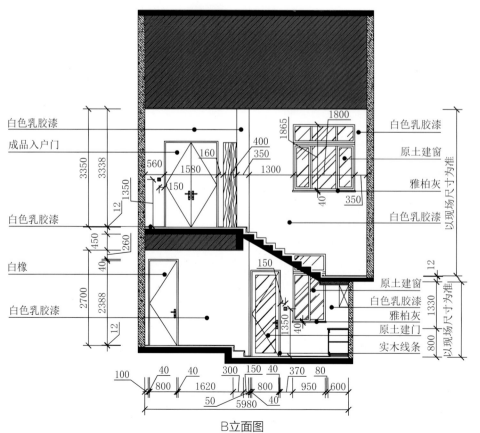

B立面图

实景方案图

设计案例 **3**

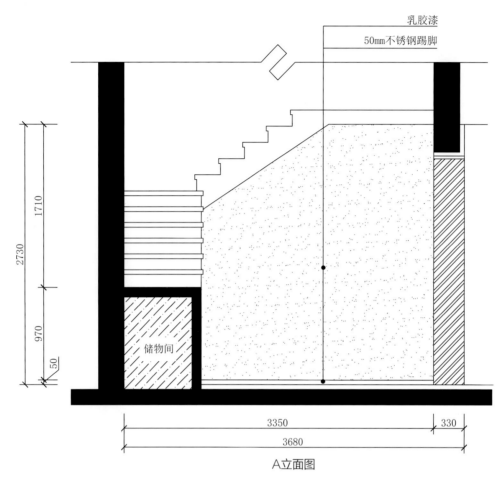

乳胶漆

50mm不锈钢踢脚

储物间

3350

330

3680

A立面图

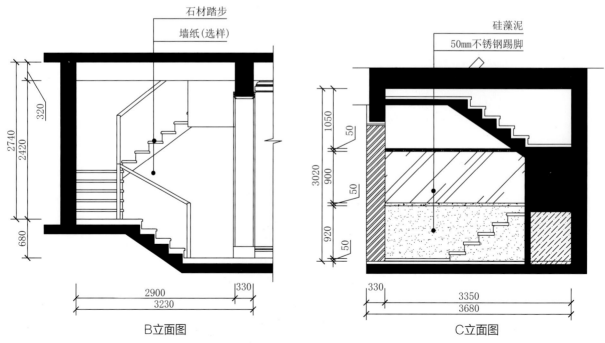

石材踏步

墙纸（选样）

2900

330

3230

B立面图

硅藻泥

50mm不锈钢踢脚

330

3350

3680

C立面图

设计案例 4

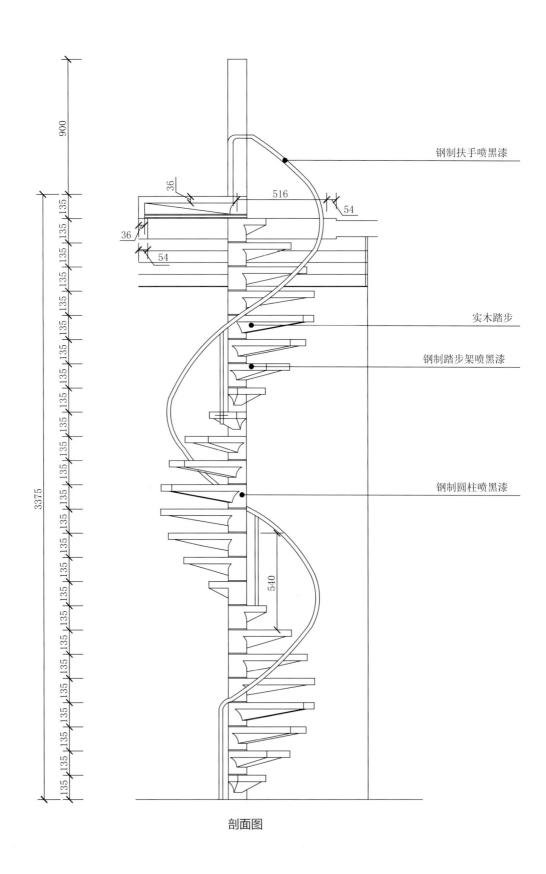

钢制扶手喷黑漆

实木踏步

钢制踏步架喷黑漆

钢制圆柱喷黑漆

剖面图

设计案例 5

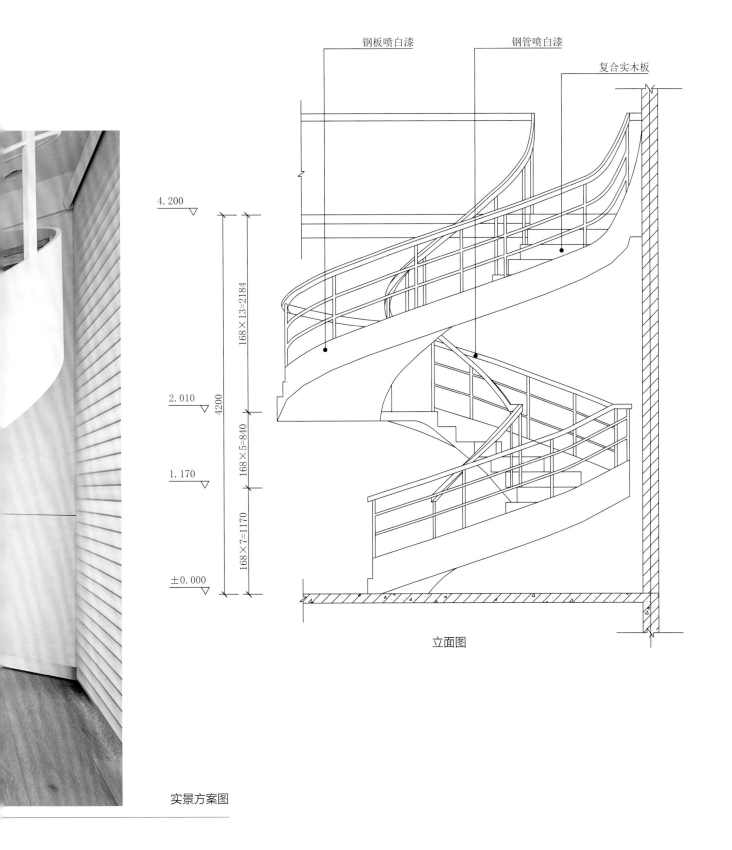

钢板喷白漆　　钢管喷白漆　　复合实木板

4.200

168×13=2184

4200

2.010

168×5=840

1.170

168×7=1170

±0.000

立面图

实景方案图

设计案例 6

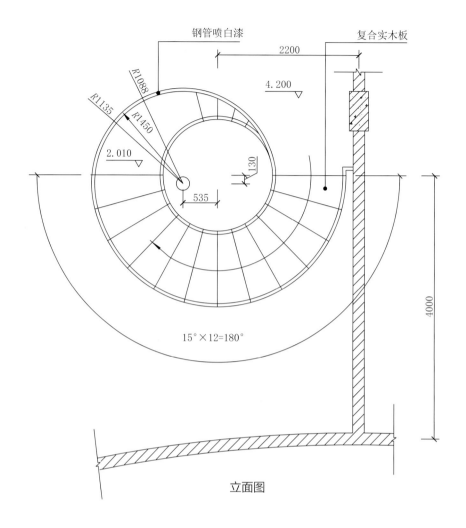

钢管喷白漆　复合实木板

2200

4.200 ▽

R1088
R1135　R1450

2.010 ▽

130

535

4000

15°×12=180°

立面图

实景方案图

设计案例 **7**

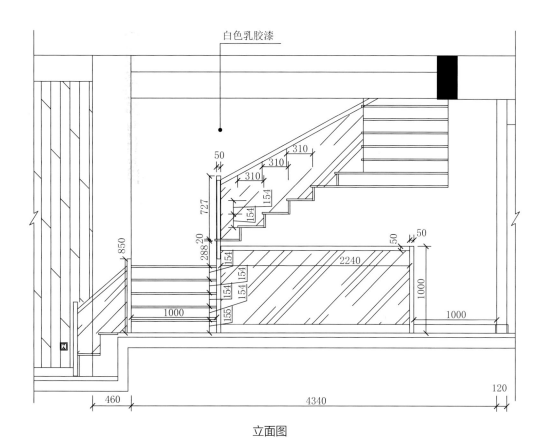

白色乳胶漆

立面图

设计案例 8

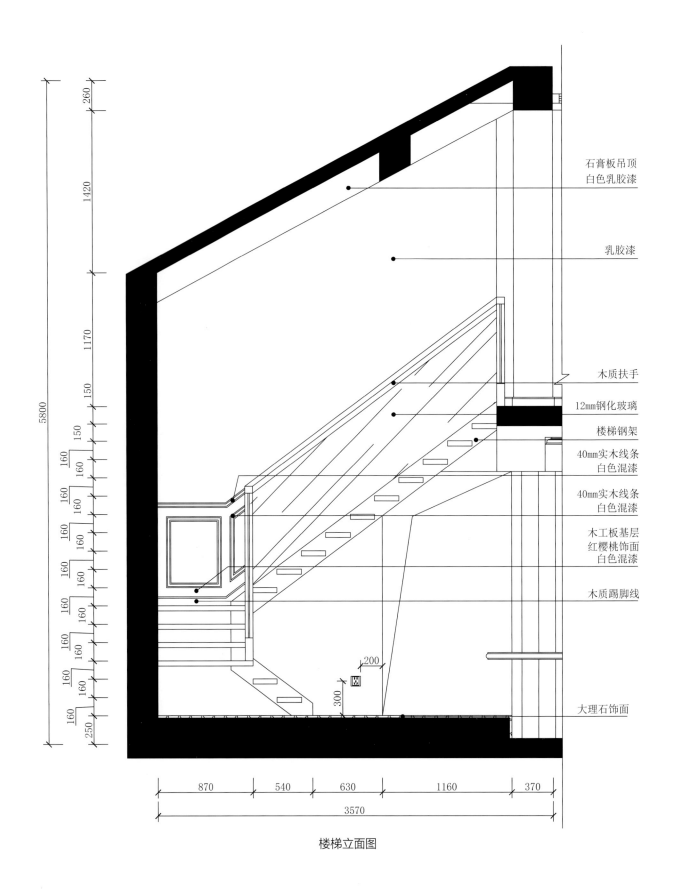

石膏板吊顶
白色乳胶漆

乳胶漆

木质扶手

12mm钢化玻璃

楼梯钢架

40mm实木线条
白色混漆

40mm实木线条
白色混漆

木工板基层
红樱桃饰面
白色混漆

木质踢脚线

大理石饰面

楼梯立面图

实景方案图

设计案例 **9**

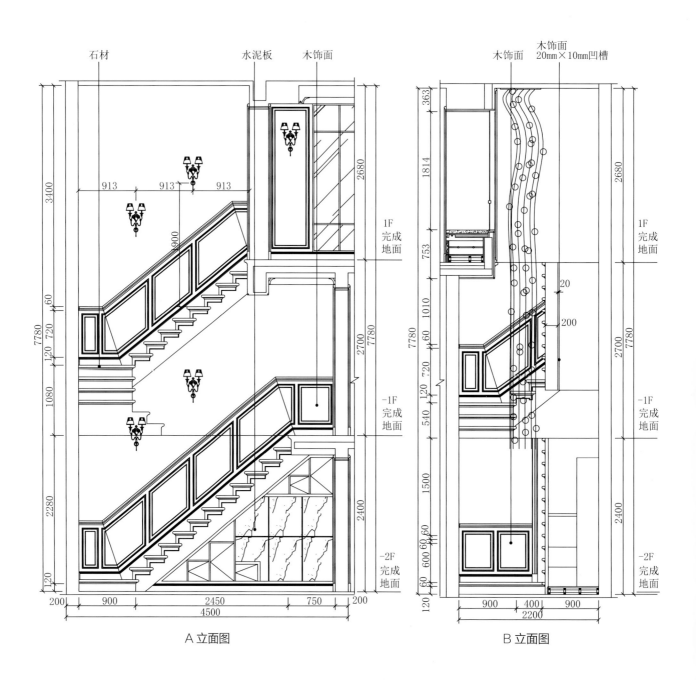

石材　　　水泥板　　木饰面

木饰面　　木饰面 20mm×10mm凹槽

A 立面图

B 立面图

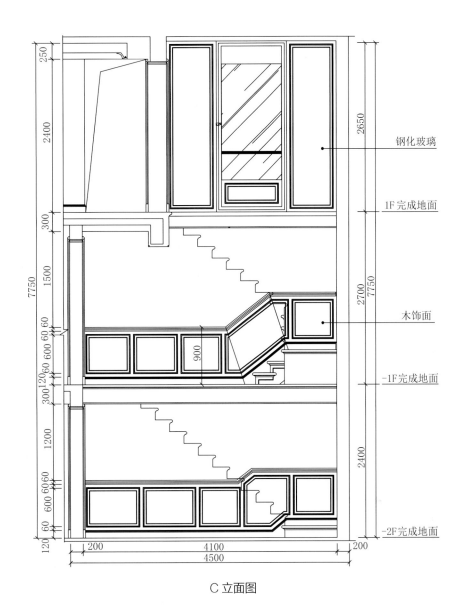

C 立面图

实景方案图

设计案例 **10**

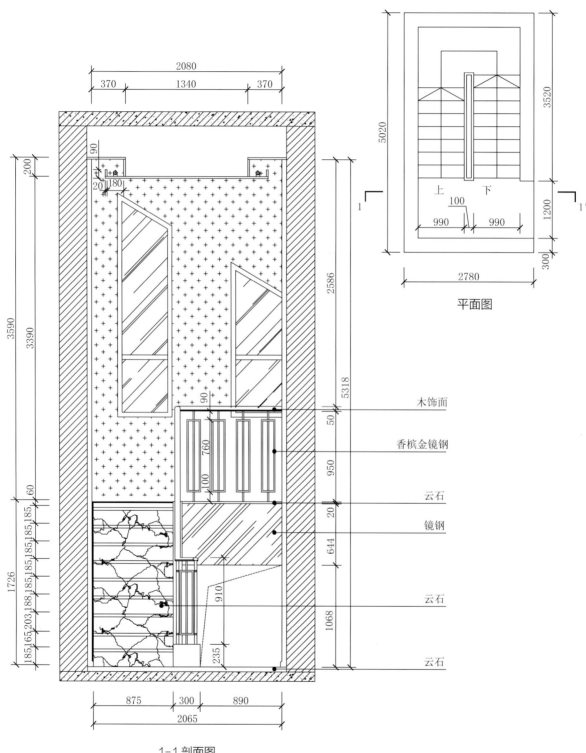

平面图

1-1 剖面图

木饰面

香槟金镜钢

云石

镜钢

云石

云石

附录 ❶

一、定制家具产品尺寸设计标准（GB/T 39016—2020）

1.家具标准模块尺寸设计

应按资源节约原则及板材最优锯切方式设计家具标准化模块。

2.家具功能尺寸设计

定制设计时，各类柜子、书桌等功能尺寸应优先使用相关国家标准的规定尺寸。

（1）衣柜（GB/T 3327—2016）

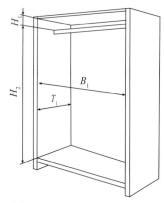

衣柜柜内空间尺寸示意图（一）

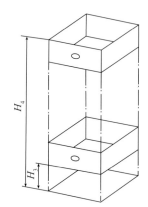

衣柜柜内空间尺寸示意图（二）

① 柜内空间尺寸表（表中尺寸与衣柜柜内空间尺寸示意图相匹配）。

单位：mm

柜内深		挂衣棍上沿至顶板内表面距离 H_1	挂衣棍上沿至底板内表面距离 H_2	
悬挂衣物柜内深 T_1 或宽 B_1	折叠衣服柜内深 T_1		适于挂长衣服	适于挂短衣服
≥ 530	≥ 450	≥ 40	≥ 1400	≥ 900
注：当有特殊要求或合同要求时，各类尺寸由供需双方在合同中明示，不受此限。				

② 镜子上沿离地面高（H_4）≥ 1700mm，装饰镜不受高度限制。

③ 当层屉下沿离地面高（H_2）≥ 50mm，顶层抽屉上沿离地面高（H_4）≤ 1250mm（见书柜尺寸示意图）。

（2）书柜（GB/T 3327—2016）

书柜尺寸示意图

项目	柜体外形宽 B	柜体外形深 T	柜体外形高 H	层间净高 H_5
尺寸	600~900	300~400	1200~2200	≥ 250
注：当有特殊要求或合同要求时，各类尺寸由供需双方在合同中明示，不受此限。				

---

❶ 此部分根据 GB/T 39016—2020、GB/T 3327—2016、GB/T 3326—2016、JG/T 219—2017、GB/T 24977—2010、GB/T 28994—2012、GB 28007—2011 中的相关内容进行整理。

（3）书桌（GB/T 3326—2016）

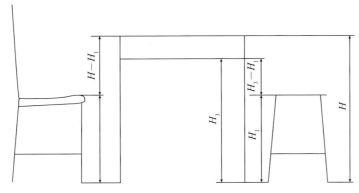

桌高、座高、配合高差示意图

桌面高、座高、配合高差尺寸表：

单位：mm

桌面高 H	座高 H_1	桌面与椅凳座面配合高差 $H-H_1$	中间净空高与椅凳座面配合高差 H_3-H_1	中间净空高 H_3
680~760	400~440 软面的最大座高 460（包括下沉量）	250~320	≥ 200	≥ 580
注：当有特殊要求或合同要求时，各类尺寸由供需双方在合同中明示，不受此限。				

（4）橱柜（JG/T 219—2017）

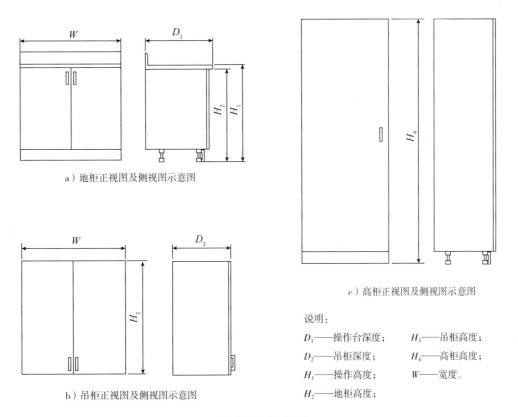

a）地柜正视图及侧视图示意图

b）吊柜正视图及侧视图示意图

c）高柜正视图及侧视图示意图

说明：

D_1——操作台深度；　　H_3——吊柜高度；

D_2——吊柜深度；　　H_4——高柜高度；

H_1——操作高度；　　W——宽度。

H_2——地柜高度；

厨房橱柜外形示意图

① 厨房橱柜的一般要求

a. 厨房家具应采用标准化、模数化设计，其模数尺寸应与厨房开间、进深的模数尺寸相互协调。

b. 厨房家具的宽度宜是基本模数的整数倍数，允许 1/2M 的应用。

c. 厨房家具的高度、深度宜是基本模数的整数倍数，允许 1/10M 的应用。

d. 厨房设备嵌入式安装时，其开口空间的宽度与高度应使用正偏差，台面开孔的宽度与深度应使用正偏差；设备及其面板的宽度和高度应使用负偏差。

e. 操作台面外悬深度应不大于 30mm，后部应设挡水，高度应不小于 30mm。

f. 底座深度宜不小于 50mm，高度宜不小于 80mm。

g. 吊柜底部至地面的距离宜不小于 1400mm，吊柜、高柜顶部至地面的距离宜不大于 2200mm。

h. 水槽与灶具间的水平距离宜不小于 600mm。

i. 灶具的表面与安装在其上方的顶吸式油烟机底面的净空距离宜为 650~750mm，灶具表面与安装的侧吸式油烟机底部的距离宜为 350~400mm。

j. 灶具左右外缘至墙面的水平距离应不小于 150mm。

注：文中的 M 代表的是橱柜的基本模数，指模数协调中的基本尺寸单位，数值为 100mm，即 1M=100mm。

② 厨房橱柜模数系列

a. 厨房家具的高度

分类	规定
操作高度	◎ 操作高度宜为 7.5M~10M。 ◎ 对于无障碍厨房，操作高度宜不大于 7.5M，操作台下方用于回转的净空高度应不小于 6.5M。
地柜高度	◎ 地柜及嵌入设备的高度宜为下列标准高度之一：7.8M、8.2M、8.7M、9.2M。
高柜、台上柜和吊柜高度	◎ 高柜和吊柜的高度应考虑与吊顶的协调搭配。 ◎ 高柜高度宜为 10M~22M，台上柜高度宜为 6M~14M。 ◎ 对于无障碍厨房，吊柜柜底与地面之间的垂直距离应不大于 12M。

b. 厨房家具的深度

分类	规定
操作台深度	◎ 操作台深度宜为下列标准深度之一：5.5M、6M、6.5M、7M，推荐使用 6M。
柜体深度	◎ 地柜、高柜的深度不应超过操作台深度。 ◎ 吊柜深度宜为下列标准深度之一：3.2M、3.5M、4.2M。 ◎ 对于无障碍厨房，操作台下方用于回转的净空深度应不小于 3.5M，吊柜的深度应不大于 2.5M。

c. 厨房家具的宽度

分类	宽度模数系列
灶具柜	6M、7M、8M、9M、10M、11M、12M
水槽柜	6M、7M、8M、9M、10M、11M、12M
储藏柜	1.5M、2M、3M、3.5M、4M、4.5M、5M、6M、7M、8M、9M、10M、11M、12M
吊柜	1.5M、2M、3M、3.5M、4M、4.5M、5M、6M、7M、8M、9M

③ 厨房设备嵌入的模数协调

a. 开口空间深度：在高柜或地柜中嵌入设置厨房设备时，开口空间的深度应不小于550mm；在吊柜中嵌入设置厨房设备时，开口空间的深度应不小于300mm。

b. 开口空间高度。

单位：mm

家具宽度	开口空间高度																						
	330	360	380	420	450	480	560	590	630	680	720	770	820	880	1025	1080	1180	1220	1400	1450	1580	1680	1780
450				–	–	–	–	–	–	+	+	+											
500	+	+	+	+	+	–	–	+	+	–	–	–	–	–	–	–	–	–	–	–	–	–	–
600	+	+	+	+	+	–	++	++	++	+	++	++	++	++	++	+	–	++	++	+	+	–	+
700	–	–	–	–	–	+	–	–	–	–	–	–	–	–	–	–	–	–	–	–	–	–	–
800	–	–	–	–	–	+	–	–	–	–	–	–	–	–	–	–	–	–	–	–	–	–	–
900	–	–	–	–	+	–	–	+	–	–	+	+	–	–	–	–	–	–	–	–	–	+	–

注1：开口空间高度误差：$^{+10}_{0}$；
注2："++"表示第一优先选择尺寸，"+"表示第二优先选择尺寸，"–"表示可以接受但不推荐采用的尺寸，其余为不应采用的尺寸；
注3：所有高度尺寸均用于550mm深度，此外330mm、360mm、380mm、420mm也可考虑用于300mm深度。

c. 宽度。

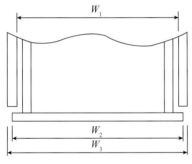

说明：
W_1——开口空间宽度；
W_2——设备正面面板宽度；
W_3——厨房家具宽度。

开口宽度和设备正面面板宽度（顶视图）

开口空间宽度与设备正面面板宽度表：

单位：mm

厨房家具宽度	开口空间宽度	设备正面面板宽度
450（4.5M）	410	445^{0}_{-10}
500（5M）	460	495^{0}_{-10}
600（6M）	560	595^{0}_{-10}
700（7M）	660	695^{0}_{-10}
800（8M）	760	795^{0}_{-10}
900（9M）	860	895^{0}_{-10}

预留空间宽度和设备正面面板宽度表：

单位：mm

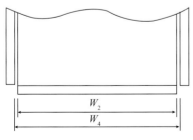

说明：
W_2——设备正面面板宽度；
W_4——预留空间宽度。

预留空间宽度和设备正面面板宽度

预留空间宽度	设备正面面板宽度
450（4.5M）	445^{0}_{-10}
500（5M）	495^{0}_{-10}
600（6M）	595^{0}_{-10}
700（7M）	695^{0}_{-10}
800（8M）	795^{0}_{-10}
900（9M）	895^{0}_{-10}

④ 油烟机与吊柜组合的模数协调

单位：mm

预留空间宽度	设备正面面板宽度	预留空间宽度	设备正面面板宽度
600（6M）	595_{-10}^{0}	900（9M）	895_{-10}^{0}
700（7M）	695_{-10}^{0}	1000（10M）	995_{-10}^{0}
750（7.5M）	745_{-10}^{0}	1100（11M）	1095_{-10}^{0}
800（8M）	795_{-10}^{0}	1200（12M）	1195_{-10}^{0}

⑤ 灶具嵌入的模数协调

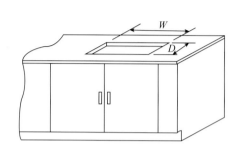

说明：

W——台面开孔宽度；

D——台面开孔深度。

台面开孔深度表：

单位：mm

厨房家具宽度	台面开口深度								
	330	350	380	400	420	450	460	480	490
600（6M）	++	+	–	+	–	–	–	–	–
700（7M）	–	–	++	–	–	–	–	–	–
800（8M）	++	++	++	++	++	++	–	–	–
900（9M）	++	++	++	++	+	+	–	–	–
1000（10M）	+	+	+	+	+	+	+	–	–
1100（11M）	+	+	+	+	+	+	+	–	–
1200（12M）	–	–	–	+	+	+	+	–	–

注1：开口空间高度误差：$_{0}^{+10}$；

注2："++"表示第一优先选择尺寸，"+"表示第二优先选择尺寸，"–"表示可以接受但不推荐采用的尺寸。

台面开孔宽度表：

单位：mm

厨房家具宽度	台面开孔宽度										
	280	530	560	600	630	650	680	700	760	800	830
600（6M）	+	+	+								
700（7M）	–	–	–	+							
800（8M）	++	++	++	++	++	++	+	++	–		
900（9M）	+	++	++	++	++	++	+	++	+	+	–
1000（10M）	–	–	–	+	+	+	+	+	+	+	+
1100（11M）	–	–	–	+	+	+	+	+	+	+	+
1200（12M）	–	–		+	+	+	+	+	+	+	+

注1：开口空间高度误差：$_{0}^{+10}$；

注2："++"表示第一优先选择尺寸，"+"表示第二优先选择尺寸，"–"表示可以接受但不推荐采用的尺寸，其余为不应采用的尺寸。

⑥ 水槽嵌入的模数协调

a. 台面开孔的位置应考虑给排水的要求，并应满足厨房炊事操作流程的要求。

b. 水槽在操作台面的开孔孔缘距临近垂直表面的距离应不小于60mm。

c. 台面开孔的宽度、深度应根据水槽生产厂家的说明。

（5）卫浴柜（GB/T 24977—2010）

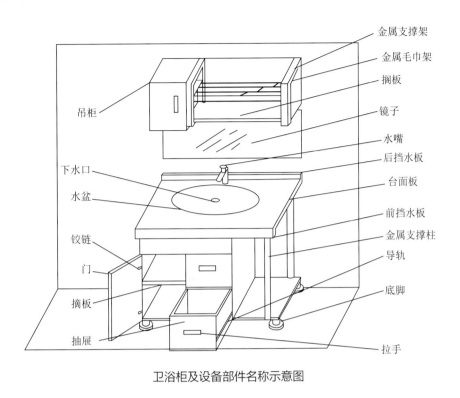

卫浴柜及设备部件名称示意图

卫浴柜主要尺寸偏差、形状和位置公差表：

单位：mm

检验项目	要求			项目分类	
				基本	一般
主要外形尺寸偏差	[-3，+3]			√	
主要开孔、开槽尺寸偏差	[3，+5]			√	
面板、正视面板件翘曲度	对角线长度 ≥ 1400		≤ 3.0		√
	700 ≤对角线长度 < 1400		≤ 2.0		
	对角线长度 < 700		≤ 1.0		
面板、正视面板件平整度	≤ 2.0				√
邻边垂直度	面板、框架	对角线长度	≥ 1000	长度差≤ 3	√
			< 1000	长度差≤ 2	
		对边长度	≥ 1000	对边长度差≤ 3	√
			< 1000	对边长度差≤ 2	
圆度	圆度弯曲处	ϕ < 25	≤ 2.0		√
		ϕ ≥ 25	≤ 2.5		
位差度	门与框架、门与门相邻表面、抽屉与框架、抽屉与门、抽屉与抽屉相邻两表面间的距离偏差（非设计要求）≤ 2.0				√
分缝	所有分缝（非设计要求时）≤ 2.0				√

（6）木质楼梯（GB/T 28994—2012）

① 楼梯木质部件尺寸要求和偏差

a. 踏步几何尺寸要求

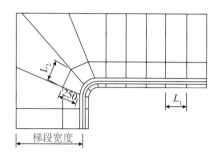

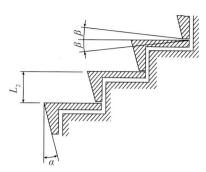

L_1——踏步面与其上一级踏步面的前缘在水平面投影之间的距离；

L_2——弧形梯的踏步自较窄边起 250mm 处的宽度。

直梯踏步面几何尺寸示意图

◎ 直形梯位于行走线上的踏步宽度 L_1 不宜小于 220mm，踏步高度 L_2 宜为 100mm$<L_2 \leq$ 200mm。
◎ 带扇形踏步弧形梯的踏步宽度自较窄边起 250mm 处的踏步宽度 L_3 不应小于 220mm。

L_2——相邻两级踏步上表面所在水平面之间的垂直距离；

α——踏板前缘斜面与垂直面之间的锐角；

β——踏板表面与水平面之间的夹角。

踏板前缘斜角以及踏面水平度示意图

◎ 踏板前缘斜角 α 应小于 30°。
◎ 踏面水平度用 β 来衡量，β 不宜大于 2°。

b. 扶手几何尺寸要求

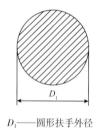

D_1——圆形扶手外径

圆形扶手外径示意图

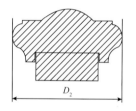

D_2——非圆形扶手横截面外径

非圆形扶手外径示意图

◎ 扶手周长不大于 160mm 时，扶手横截面为圆形的，外径尺寸 D_1 应不小于 32mm 且不大于 51mm。
◎ 扶手横截面非圆形的则其周长应不小于 102mm 且不大于 160mm，且其横截面扶手外径 D_2 不大于 60mm。
◎ 扶手周长大于 160mm 时，扶手两侧应设计手指抓握区域。抓握区域至少从垂直距离扶手最高点 19mm 处开始到垂直距离顶端 45mm 处结束。抓握区域上方的扶手外径不小于 32mm 且不大于 90mm。
◎ 扶手最下端与护栏连接的边缘应有不小于 0.25mm 的倒角。

c. 尺寸偏差

楼梯部件的尺寸偏差表：

单位：mm

预留空间宽度	设备正面面板宽度
踏板、踢板厚度	公称厚度 t_n 与平均厚度 t_m 之差绝对值不大于 1.0；厚度最大值 t_{max} 与最小值 t_{min} 之差不大于 1.0
踏板、踢板面层宽度	公称宽度 w_n 与平均宽度 w_a 之差绝对值不大于 2.0；宽度最大值 w_{max} 与最小值 w_{min} 之差不大于 3.0
踏板、踢板翘曲度	宽度方向凸翘曲度 f_{w1} 不大于 1.0%；宽度方向凹翘曲度 f_{w2} 不大于 0.5%；长度方向凸翘曲度 f_{l1} 不大于 1.0%；宽度方向凹翘曲度 f_{l2} 不大于 1.0%；
平台踏板拼装高低差	预安装后，不大于 1.0
平台踏板拼装离缝	预安装后，不大于 2.0

续表

预留空间宽度	设备正面面板宽度
扶手高低差、离缝	预安装后，扶手各段衔接处高低差、离缝不大于 0.3
立柱直径	公称直径 d_n 与平均直径 d_m 之差绝对值不大于 1.0
立柱高度	公称高度 h_n 与平均高度 h_m 之差绝对值不大于 2.0

② 整梯尺寸要求

a. 护栏立柱间宽度的要求

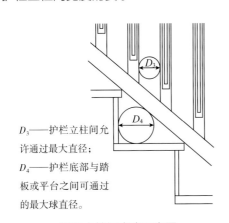

D_3——护栏立柱间允许通过最大直径；

D_4——护栏底部与踏板或平台之间可通过的最大球直径。

梯段立柱间宽度示意图

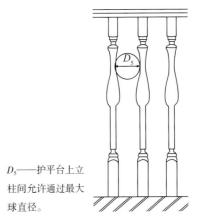

D_5——护平台上立柱间允许通过最大球直径。

平台上立柱间宽度示意图

◎ 楼梯各段中，护栏立柱间允许通过最大球直径 D_3 为 120mm，护栏底部与踏板或平台之间可通过的最大球直径 D_4 不超过 150mm。

◎ 平台上立柱间允许通过最大球直径 D_5 为 130mm。

b. 扶手高度要求

扶手高度自踏步前缘线起不小于 0.85m。靠楼梯井一侧水平扶手长度超过 0.5m 时，其高度不小于 1.05m。

c. 整梯承载性能要求

检验项目	性能要求
护栏刚性试验	最大挠度值不超过 30mm
护栏沙袋冲击试验	无破坏
踏步集中载荷试验	无松动和不产生残余变形
踏步分散载荷试验	

3. 特殊尺寸

客户要求的特殊功能尺寸和外形尺寸，应对家具预期使用状态的强度及稳定性进行评估，评估结果存在安全隐患的应建议客户修改尺寸或增加产品相应安全设计，并与消费者商定，在合同中明示。

4. 外形尺寸偏差

木家具、金属家具等家具外形尺寸偏差应在 ±5mm 范围内，软体家具（床垫、沙发等）外形尺寸偏差应在 ±10mm 范围内。

二、定制家具产品结构设计标准（GB/T 39016—2020）

1. 设计的家具产品应符合正常使用和可预见在理化性能、强度、稳定性和耐久性等方面的使用。

2. 除供需双方应协定，并在合同中明示外，靠墙的衣柜、床头柜、厨房柜等柜类家具应有背板和底板，不应以墙体和地面作为这类柜的背板和底板。

3. 家具的结构和选用的零部件应确保使用者的安全，主要安全结构如下：

（1）边缘及尖端：产品不应有危险锐利边缘及危险锐利尖端，棱角及边缘部位应经倒圆或倒角处理，不应有毛刺、刃口。14 岁及以下的儿童及婴幼儿家具产品离地面高度 1600mm 以下位置的可接触危险外角倒圆半径不小于 10mm，或倒圆弧长不小于 15mm。

（2）突出物：产品不应有危险突出物。如果存在危险突出物，则应用合适的方式对其加以保护。如将末端弯曲或加上保护帽或罩以有效增加可能与皮肤接触的面积。保护帽或罩按 GB 28007—2011 中 7.5.2 的规定进行试验时，不应在拉力作用下脱落。

链接：GB 28007—2011 中 7.5.2 的规定如下：对被测保护件均匀施加（70±2）N 的拉力，并保持 10s。

（3）密闭空间：产品不应有不透气的、且封闭的连续空间大于 0.03m³，内部尺寸均大于或等于 150mm 密闭空间，包括门或盖与其他部件形成的空间。若密闭空间不可避免，则设计时应符合以下规定：

① 应设单个开口面积为 650mm² 且相距至少 150mm 的两个不受阻碍的通风开口，或设一个将两个 650mm² 开口及之间间隔区域扩展为一体的有等效面积的通风开口。

② 将家具放置在地板上任意位置，且靠在房间角落的两个相交 90° 角的垂直面时，通风口应保持不受阻碍，同时通风口可装上透气性良好的网状或类似部件。

③ 盖、门及类似装置不应配有自动锁定装置，按 GB 28007—2011 中 7.5.6（关闭件试验）的规定进行试验时，其开启力不应大于 45 N。

链接：GB 28007—2011 中 7.5.6 的规定如下：当盖、门及类似的关闭件处于关闭位置时，在离内表面几何中心点 25mm 以内位置，向其正常开启方向施加一个力，并记录此力值。

（4）翻门翻板：质量大于 0.28kg 垂直开启的翻板或箱盖，应设置支撑机构。支撑机构可包括自动锁定撑杆或阻尼撑杆。应无需使用者调节就能保证翻板或箱盖不出现突然下落，即在离完全闭合处的弧行程大于 50mm，但距完全闭合处的弧度不大于 60° 的任意位置，翻板或箱盖在其自身质量作用下，下落行程不应超过 12mm。设计中明示支撑机构的安装位置。

（5）折叠机构：当设计产品存在折叠机构或支架时，应设计安全止动或锁定装置以防意外移动或折叠。按 GB 28007—2011 中 7.5.4 的规定进行试验时，产品不应折叠。

链接：GB 28007—2011 中 7.5.4 的规定如下：将产品正常摆放于水平的实验平台上，抬起产品使其以任何方向倾斜于水平 70° ±1°，观察产品是否折叠或锁定装置是否失效；或将产品置于倾斜角为 10°~10.5° 实验平台上，调整折叠装置至其最不利的位置，锁上锁定装置。将（50.0±0.5）kg 的负荷加载于儿童可能乘坐以及折叠装置最不利位置（如有需要，负荷可以加固定），保持 5min，观察产品是否折叠或锁定装置是否失效。

（6）孔和缝隙：产品中的孔和缝隙应满足以下要求。

① 双层床安全栏板同一方向上相邻阻挡构件（包括嵌条、装填栅栏）的净空间隙应不大于 75mm 且不小于 60mm。

② 双层床床铺面及其两边和两端的所有间隙应小于或等于 25mm。

③ 其他产品刚性材料上，深度大于 10mm 的孔及间隙，其直径或间隙应小于 6mm 或大于或等于 12mm。

④ 其他产品可接触的活动部件间的间隙应小于 5mm 或大于或等于 12mm。

（7）止滑装置：抽屉、键盘、拉篮等推拉构件应设计防脱装置。

（8）垂直滑行的板件或门、卷门等：在高于闭合点 50mm 的任一位置，应有阻尼装置。

（9）有移动需要的家具：脚轮设计应有锁定装置（包括使用时自锁装置），同一侧至少有 2 个脚轮可以锁住。

（10）防倾倒装置：高于 600mm 的柜架类家具，应设计与墙体或其他固定件连接的装置，该连接装置能分别承受 350 N 的水平力和 200 N 的垂直力，不应被拔起和损坏。

三、定制家具电器使用位置设计标准

家具上的电器使用位置应充分考虑电器散热需求，并从家具结构上加以保障。使用中电源开关、孔处可能遇水，则应设计防水装置。底边距地面 1200mm 及以下的电源插孔应设计保护装置。

四、定制家具水、电、气及光纤网络布局设计标准

1. 产品中电线排布强弱电应分开，电线应有固定措施。

2. 电线与插座连接处应做绝缘处理，电线盖板仅在工具协助下才能拆卸。

3. 产品应设置能够满足使用需求的电源插座和开关，当电源插座底边距地面，1200mm 及以下时，应选用带防护装置的产品。

4. 电源插座距离地柜台面高度小于 400mm 时，其下不应设置水槽柜。可能被溅水的电源插座应选用防护等级不低于 IP54 的防溅水型插座。

5. 照明开关、电源插座的配电回路应设置漏电保护。当开关、插座、照明灯具等电器的高温部位宜采取隔热、散热的措施。

6. 家具中的水路、气路及电路应分开，并方便检修。

索引

玄关定制家具

/ C 字形玄关柜 /

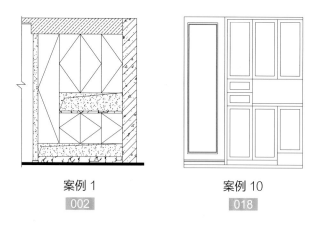

案例 1
002

案例 10
018

/ 中间带展示格的玄关柜 /

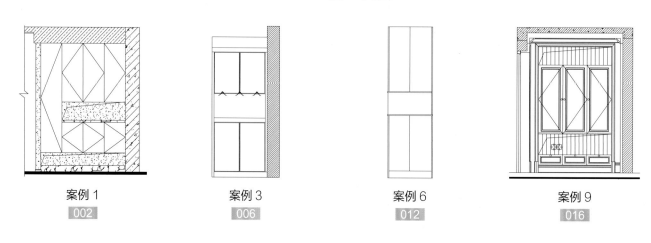

案例 1
002

案例 3
006

案例 6
012

案例 9
016

/ 带换鞋凳的玄关柜 /

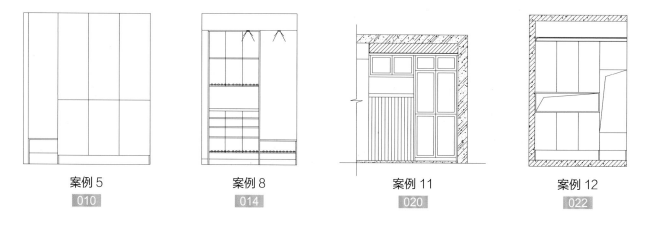

案例 5
010

案例 8
014

案例 11
020

案例 12
022

/ 整墙式玄关收纳柜 /

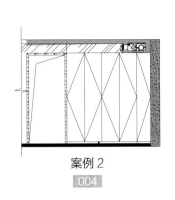

案例 2
004

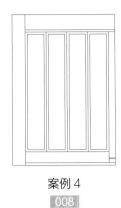

案例 4
008

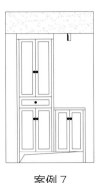

案例 7
013

客厅定制家具

电视柜

/ 单体式电视柜 /

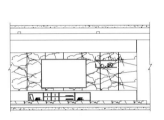

案例 1
024

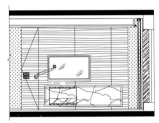

案例 2
026

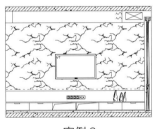

案例 3
028

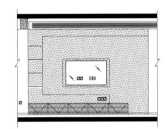

案例 4
030

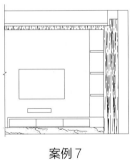

案例 7
034

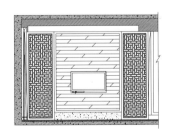

案例 11
041

/ 收纳式电视柜 /

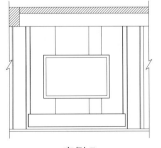

案例 5
031

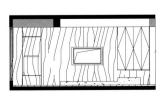

案例 6
032

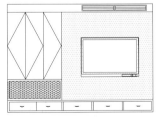

案例 8
036

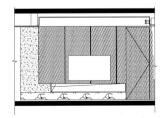

案例 9
038

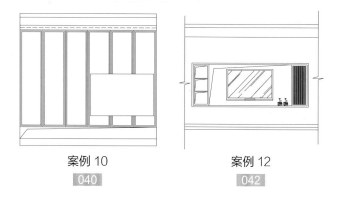

案例 10
040

案例 12
042

装饰柜

/ 电视墙装饰柜 /

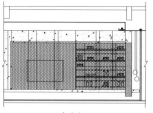

案例 1
044

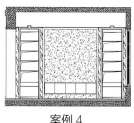

案例 4
049

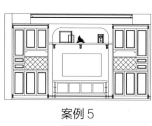

案例 5
050

案例 6
052

案例 11
061

/ 沙发墙装饰柜 /

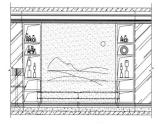

案例 7
054

案例 8
056

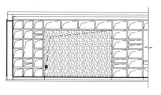

案例 9
058

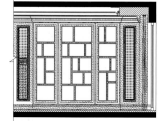

案例 10
060

/ 客厅侧墙装饰柜 /

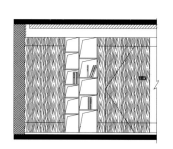

案例 2
046

案例 3
048

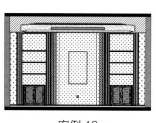

案例 12
062

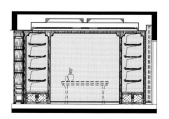

案例 13
063

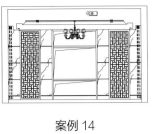

案例 14
064

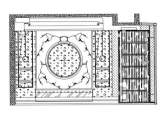

案例 15
066

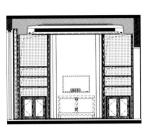

案例 16
068

餐厅定制家具

餐边柜

/ 矮柜式餐边柜 /

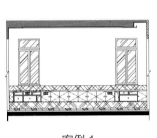

案例 1
070

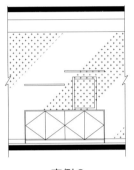

案例 2
072

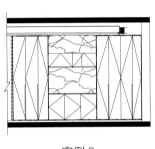

案例 8
082

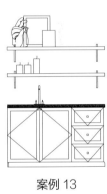

案例 13
090

/ 中间带展示功能的餐边储物柜 /

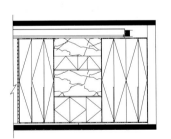

案例 3
073

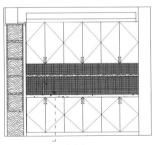

案例 5
076

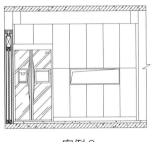

案例 6
078

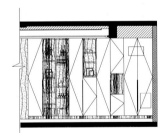

案例 7
080

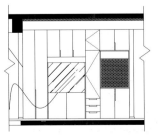

案例 11
086

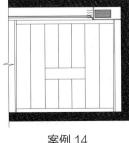

案例 14
092

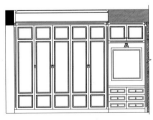

案例 18
098

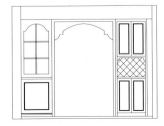

案例 20
102

/ 展示柜格或架式餐边柜 /

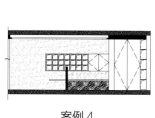

案例 4
074

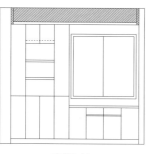

案例 10
084

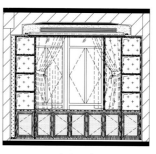

案例 15
094

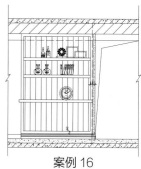

案例 16
095

/ 嵌入冰箱式餐边柜 /

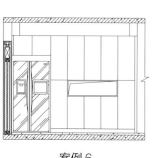

案例 6
078

案例 9
083

案例 12
088

/ 与卡座一体式餐边柜 /

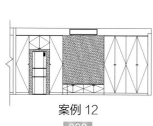

案例 12
088

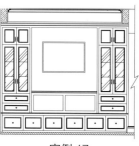

案例 17
096

案例 19
100

酒柜

案例 1
104

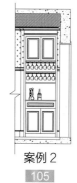

案例 2
105

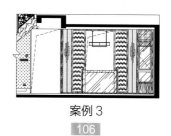

案例 3
106

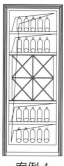

案例 4
108

吧台

/ 单体式吧台 /

案例 1
110

案例 4
114

案例 5
116

案例 6
118

案例 7
119

案例 8
120

案例 9
112

案例 10
124

案例 11
126

/ 兼有餐桌功能的吧台 /

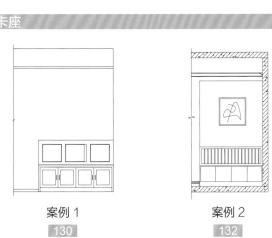

案例 2
112

案例 3
113

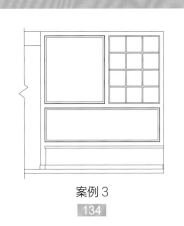

案例 12
128

卡座

案例 1
130

案例 2
132

案例 3
134

案例 4
136

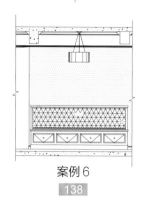

案例 5

137

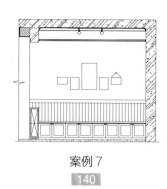

案例 6

138

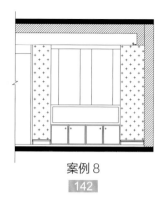

案例 7

140

案例 8

142

卧室定制家具

衣柜

/ 三开门衣柜 /

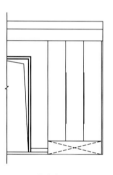

案例 11

158

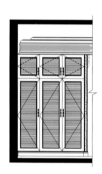

案例 22

178

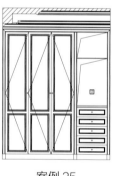

案例 25

182

案例 30

190

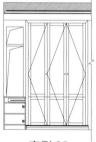

案例 32

192

/ 四开门衣柜 /

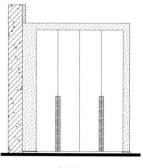

案例 1

144

案例 4

148

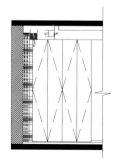

案例 5

149

案例 12

159

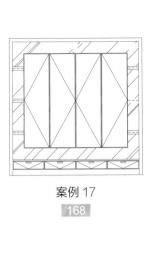

案例 17
168

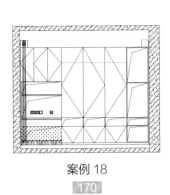

案例 18
170

案例 27
184

案例 29
188

/ 多开门衣柜（5开门以上）/

案例 2
146

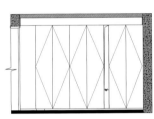

案例 6
150

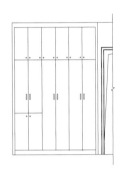

案例 7
152

案例 15
164

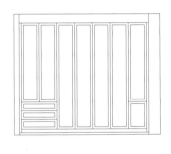

案例 19
172

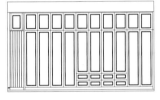

案例 20
174

案例 23
179

案例 24
180

/ 推拉门式衣柜 /

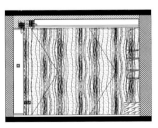

案例 3
147

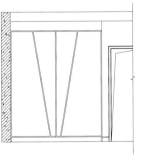

案例 8
154

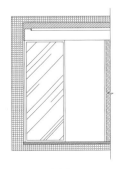

案例 9
155

案例 10
156

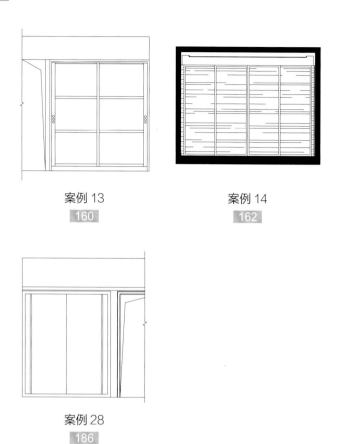

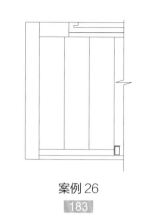

案例 13
160

案例 14
162

案例 16
166

案例 26
183

案例 28
186

/ 带展示功能的衣柜 /

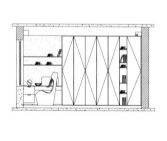

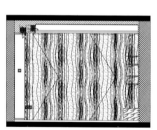

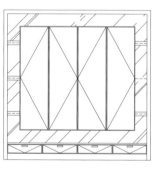

案例 2
146

案例 3
147

案例 12
159

案例 17
168

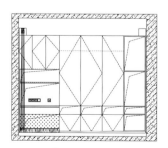

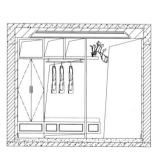

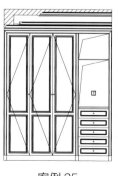

案例 18
170

案例 21
176

案例 25
182

案例 32
192

/ 儿童衣柜 /

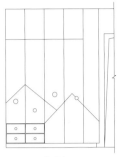

案例 27
184

案例 28
186

案例 29
188

案例 30
190

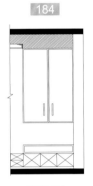

案例 31
191

案例 32
192

一体式定制床头

案例 1
194

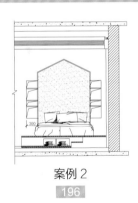

案例 2
196

书房定制家具

书柜

/ 开放式书柜 /

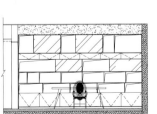

案例 3
202

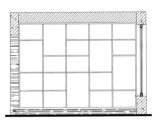

案例 4
205

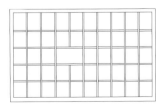

案例 6
206

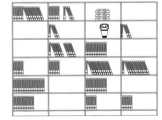

案例 8
210

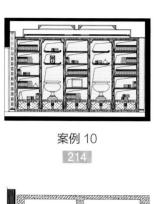

案例 10
214

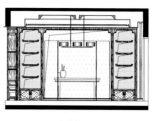

案例 11
216

案例 12
217

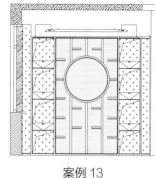

案例 13
218

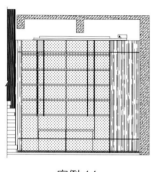

案例 14
220

/ 开放式与封闭式相结合的书柜 /

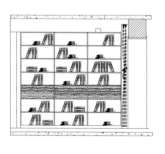

案例 1
198

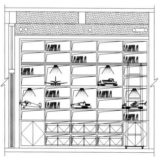

案例 2
200

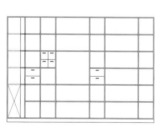

案例 5
205

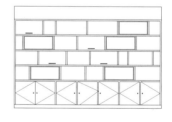

案例 7
208

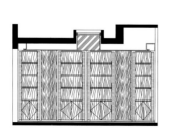

案例 9
212

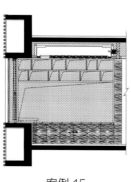

案例 15
221

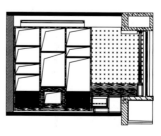

案例 16
222

案例 17
224

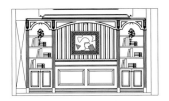

案例 18

226

一体式书桌柜

/ 书桌 + 展示柜、格 /

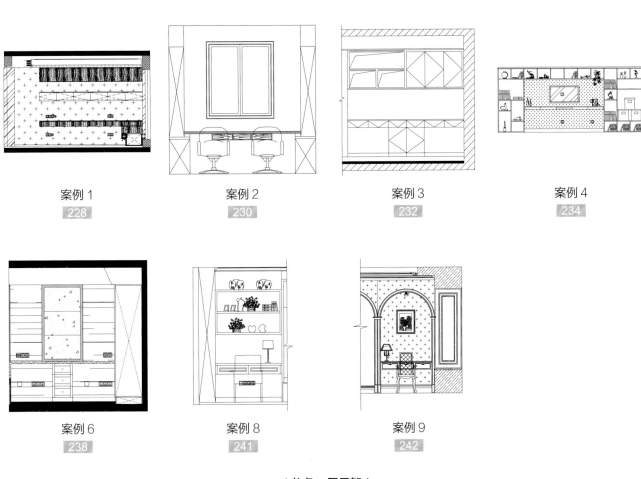

案例 1

228

案例 2

230

案例 3

232

案例 4

234

案例 6

238

案例 8

241

案例 9

242

/ 书桌 + 展示架 /

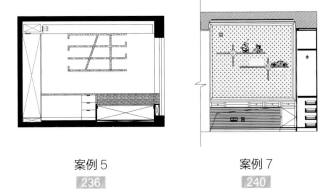

案例 5

236

案例 7

240

榻榻米

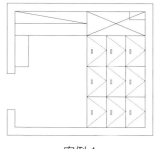

案例 1

244

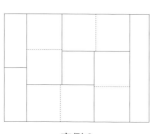

案例 2

246

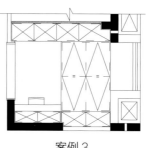

案例 3

248

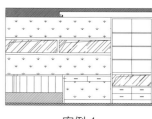

案例 4

250

衣帽间定制家具

案例 1

254

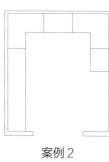

案例 2

256

案例 3

258

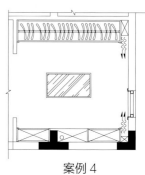

案例 4

260

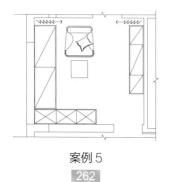

案例 5

262

厨房定制家具

/ L 形橱柜 /

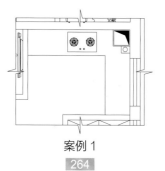

案例 1

264

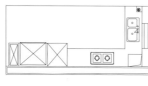

案例 6

274

/ U形橱柜 /

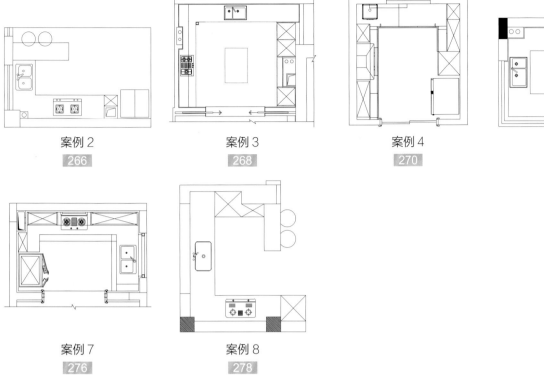

案例 2
266

案例 3
268

案例 4
270

案例 5
272

案例 7
276

案例 8
278

卫浴柜定制家具

/ 悬空式卫浴柜 /

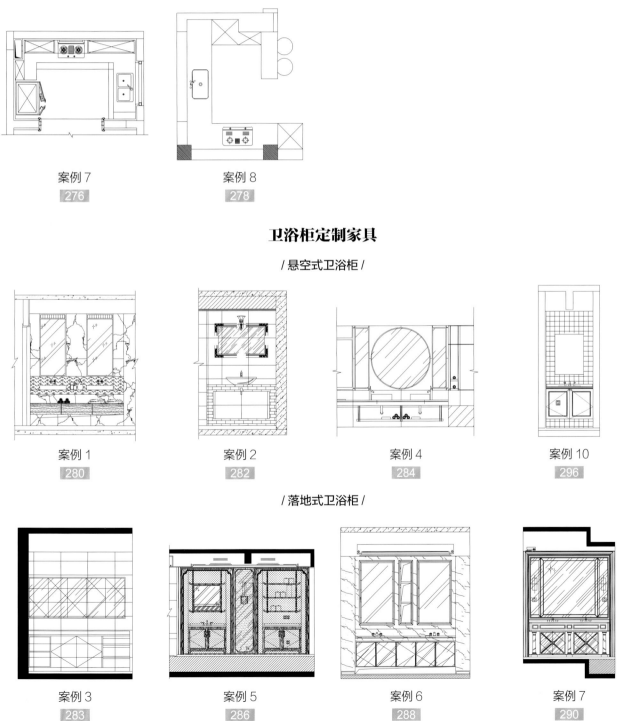

案例 1
280

案例 2
282

案例 4
284

案例 10
296

/ 落地式卫浴柜 /

案例 3
283

案例 5
286

案例 6
288

案例 7
290

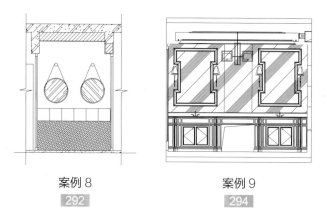

案例 8
292

案例 9
294

楼梯定制家具

/ 折型梯 /

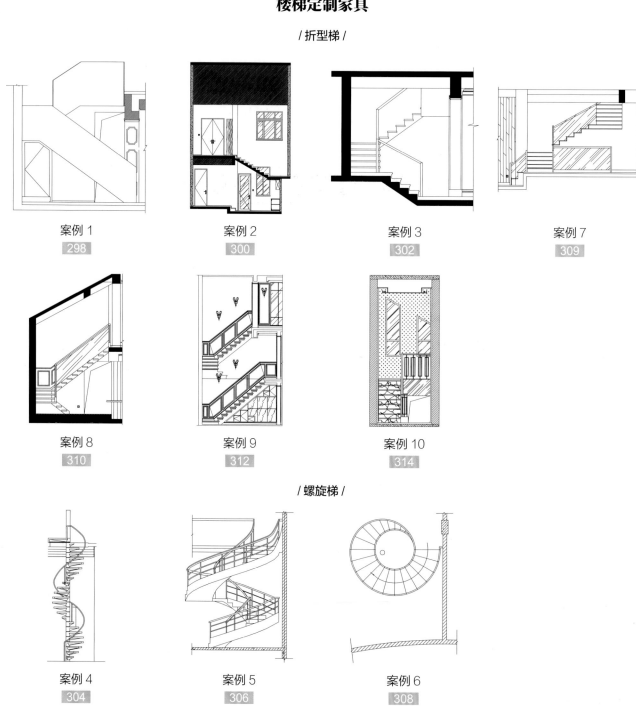

案例 1
298

案例 2
300

案例 3
302

案例 7
309

案例 8
310

案例 9
312

案例 10
314

/ 螺旋梯 /

案例 4
304

案例 5
306

案例 6
308